世界でいちばん熱い日本酒

岡本進
Susumu Okamoto

朝日新聞出版

世界でいちばん熱い日本酒　目次

第一章　二つの新星

第二章　福島の二つの巨星

第三章　新たな彗星

第四章　日本酒の進化

第五章　東北の躍進

第六章　原発事故

第七章　日本酒とは

第八章　高く、高く

装画　尾瀬あきら

ブックデザイン　bookwall

世界でいちばん熱い日本酒

第一章　二つの新星

杜氏が倒れる

天栄村は山と海に恵まれた福島県にある。冬の夜空には満天の星が光り輝く場所だ。

「天が栄える」という名前の通り、冬の夜空には満天の星が光り輝く場所だ。その土地に日本酒の若き造り手が誕生したのは、東日本大震災が起きた二〇一一年のことだ。

名前は松崎祐行《ひろゆき》。明治二十五年創業の松崎酒造の六代目だ。村に流れる釈迦堂《しゃかどう》川という大きな河川の旧称から取った「廣戸川《ひろとがわ》」という酒を造っている。

松崎は一九八四年生まれ。宇都宮市にある帝京大学理工学部バイオサイエンス学科を二〇〇八年に卒業して実家に戻り、三年後に大震災に遭った。人が立っていることができない震度6強という強い揺れが村を襲った。

地震が起きたとき、松崎は酒蔵の中にいた。窓枠がガタガタッと崩れ、土埃《つちぼこり》が舞い上がった。煙幕が張られたように辺りは真っ白になった。揺れが収まって周りを確かめると、酒を貯蔵する倉庫の壁が崩れ落ちていた。幸いにして酒を仕込む蔵に大きな破損はなく、酒造りを続けることができた。

ところが、予想もしていなかった事態が起きる。

地震から九日後。六十五歳になる杜氏が心労から来る脳梗塞《のうこうそく》で倒れ、入院してしまう。「杜氏」は「とうじ」または「とじ」と呼ばれ、酒造りの現場を指揮する責任者だ。

心労が大きかったのには理由がある。村を襲ったのが地震だけではなかったからだ。村から北東に約七十キロ離れた東京電力福島第一原子力発電所で水素爆発が起き、天栄村の放射線量も跳ね上がった。

原発の近くの人たちと同じように、自分たちも避難した方がいいのか。

確かな情報は何もなく、松崎は気持ちばかりが焦った。福島第一原発の周辺の自治体と違って国からの避難指示は天栄村には出なかったため、酒造りをそのまま続行した。

杜氏は酒の仕込みの時期に毎年、補佐役の頭《かしら》を連れて岩手県から来ていた。その二人と、冬場だけ手伝ってもらう地元農家の男性と松崎の計四人で、松崎酒造では酒を造っていた。昨秋から続いていた酒造りの時期は終わりかけていたので、杜氏が倒れても残りは三人でこなせた。

ただ、杜氏の現場復帰のめどは立たず、次の酒造りが始まる十一月までに新しい杜氏を探す必要があった。

松崎酒造は、松崎の父が社長を務め、母が電話番をする家族経営の酒蔵だった。

雑誌に広告が出る大手メーカーと違い、地方の酒蔵の多くは松崎酒造のように社員数人の零細企業だ。国税庁の「清酒製造業の概況」によると、東日本大震災があった年度に日本酒を製造していると回答した業者は国内に１５６４社あったが、資本金が３億円を超え、かつ従業員が三百人を超える大企業は白鶴酒蔵、月桂冠、宝ホールディングスなど五社だけだった。

何も決まらず、気をもむ中で、松崎は一人の後輩の存在が気になっていた。

村から三十キロほど離れた古殿町《ふるどのまち》にある豊国《とよくに》酒造の矢内賢征《やないけんせい》だ。

「蔵元の長男」という同じ境遇で、松崎の方が二学年上だった。「蔵元」とは酒蔵の経営者を指す。年下の矢内は地震が起きる一年前から酒の仕込みを任されていた。

福島県は都道府県の中で北海道、岩手県に次いで三番目に広い。県内は、日本海側の新潟県と隣り合わせにある山側の「会津」、太平洋沿いの「浜通り」、東北新幹線や東北自動車道が走り、県庁所在地の福島市や経済拠点の郡山市がある「中通り」の三つの地域にわかれる。

地域ごとに気候はまるで違う。会津には南会津という日本でも有数の豪雪地帯があり、浜通りは比較的温暖でミカン畑まである。中通りは、その中間的な気候だが、盆地の福島市などは夏場の気温が四十度近くになる日もある。

酒造りで言えば、会津が昔から全国的に有名だが、松崎酒造がある天栄村も豊国酒造のある古殿町も中通りにあった。

杜氏に指示されながら作業するだけではなく、矢内のように自分の手で酒を仕込んでみたい——。原発事故で県内の混乱が続く中、松崎の、そんな思いは日増しに募っていった。

東京での挫折

矢内がいる古殿町には、天栄村とほぼ同じ約5千人が暮らす。東北新幹線の新白河駅から車で東に一時間ほどの山間《やまあい》の町だ。

豊国酒造も松崎酒造と同じように蔵の歴史は古く、創業は江戸時代だ。九代目の矢内は一九八六年生まれ。福島県立安積《あさか》高校という県内一、二の進学校に進み、学校がある郡山市まで列車で片道二時間近くかけて通った。大学は早稲田か慶應に進みたいと望み、推薦で早稲田大学政治経済学部に入った。

長男だったので、代々続く家の重みは小さいころから感じていた。地元では祖父の代に「豊国の孫」、父の代には「豊国の息子」と呼ばれることも多かった。

だが、日本酒の業界には田舎臭さを感じ、子どものころから嫌だった。出入りする酒屋の店主も蔵人《くらびと》も年配者ばかりで、夢や希望がある世界とは思えず、大学生になっても日本酒はいっさい口にしなかった。東京で四十歳までは過ごしたいと思い、両親には「卒業してもすぐには戻らない」と伝えた。

大学ではコンサートや写真展などを企画するサークルに入り、飲食店でアルバイトした。三年になると、就職活動が始まった。大学の先輩のリクルーターに声をかけられ、大手の銀行と生命保険会社の三社から内定を受けた。

しかし、胸の内はモヤモヤしていた。

両親からは「やりたいことがあれば、やりなさい」と言われていたが、蔵を継ぐことを覆してまで就きたい仕事は見つからなかった。もう少し東京にいるために、名の通った大企業にまずは就職しようという程度の考えしかなかった。

ある日、大学の友人から言われた。

「お前は何がやりたいんだよ」

気持ちを見抜かれていた。一緒に学生生活を楽しんできたのに、友人たちはみなしっかりと将来を見据え、就きたい仕事を明確に考えていた。自分にはない「強い芯」があるように思え、うらやましかった。

ゲーム感覚のように就活には成功したが、生き方としては失敗じゃないかと、惨めな思いが日々大きくなっていった。

俺はどうしたいんだろう――。

勉強もスポーツも人よりでき、それまで順調な人生だっただけに、どう対処したらいいのかわからなくなってしまった。内定した会社に断りの電話を入れた。どこにも引き留められたが、体に大きな穴が開いた感じがして装い続ける気力はなかった。

進路を何も考えられず、抜け殻のようになっていた大学四年の春。東京の下宿に母の潤子から段ボール箱が届いた。定期的に地元の野菜や米が送られていた。

箱の中には一冊の本が入っていた。フリージャーナリストの山同敦子《さんどうあつこ》が書いた『愛と情熱の日本酒――魂をゆさぶる造り酒屋たち』という単行本だった。「十四代」の高木顕統《あきつな》、「磯自慢」の寺岡洋司、「飛露喜《ひろき》」の廣木健司、「醸し人九平次《かもしびとくへいじ》」の久野九平治《くのくへいじ》といった日本酒の名だたる造り手たちの物語がつづられていた。

日本酒はそのころ、「酔うための酒」から「味わう酒」に変わりつつあった。

矢内にとって、まったく知らない世界だった。地元の福島県の酒である飛露喜の名前も初めて知った。地方にいながら全国で飲まれる日本酒を造っている人たちがいることに驚き、引き込まれた。

だからといって、酒蔵の仕事に希望を見いだしたわけではない。「跡取り」という立場から結局、逃げることはできないのか――。そんな敗北感を抱えながら、卒業と同時に実家に戻った。気まずさから「戻りました」としか両親には言えず、両親もまた、何も尋ねてはこなかった。

矢内が、蔵で余っていた酒米を使い、杜氏の手を借りずに自分で酒を仕込ませてもらったのは、その一年後の二〇一〇年だ。

「己の一歩を大事にしていきたい」との意味を込めて「一歩己《いぶき》」という名前をつけた。

二十三歳だった。

ライバルへの嫉妬

豊国酒造の矢内は地元を「田舎臭い」と感じていたが、松崎は違った。

小学六年のとき、卒業文集に「将来は日本一の跡取りとしてがんばります」と書いた。実家の酒蔵は小さかったが、蔵人たちの働く姿にあこがれた。子どもながらに誇らしかったのは「廣戸川」の空き瓶が、村のあちこちの家の横に置かれている光景だった。こんなにも多くの人が自分の蔵で造っている酒を飲んでくれているんだと、うれしかった。

ただ、文集に書いた「跡取り」というのは自分で酒を造ることではなく、家業の酒蔵を継ぐという意味だった。

東日本大震災の直後に倒れた杜氏は松崎酒造に約四十年間も勤めた「南部杜氏《なんぶ》」だった。兵庫県の「丹波杜氏《たんば》」、新潟県の「越後杜氏《えちご》」とともに日本三大杜氏の一つに挙げられる酒造り集団だ。

岩手県酒造組合によると、南部杜氏の歴史は古く、江戸時代前期の一六七八年ごろに、盛岡市の南側にある紫波町《しわちょう》で酒造りを始めた近江商人が大阪から杜氏を招いたのがきっかけだとされている。近隣の農家に技術が広がり、受け継がれていった。大正三年には杜氏組合が結成され、国内各地の酒造りを担うまでになる。

松崎の両親は杜氏が倒れ、復帰の見通しが立たないとわかると、岩手県花巻市にある南部杜氏協会に新たな杜氏の手配を頼んだ。「南部杜氏が造った酒」という看板が松崎酒造のいちばんの売りであり、地元の飲み手もまた、それを望んでいた。

協会に手配の電話をしたという話を両親から聞いた松崎は反発した。

「ちょっと待ってほしい」

話は三年前にさかのぼる。

松崎は帝京大学を卒業し、実家に戻った二〇〇八年に福島県の酒造組合が運営する「福島県清酒アカデミー職業能力開発校」に入り、酒造りを学んだ。講師は県内の杜氏らが務め、実際に日本酒を造り、マーケティングや蔵人の労務管理まで教わる杜氏養成学校である。新潟県酒造組合が一九八四年に発足させた「新潟清酒学校」をモデルにして一九九二年に開設し、翌一九九三年に職業訓練校として県の認定を受けた。卒業生は約三百人に上る。

松崎の二年遅れで入学してきたのが矢内だった。二人は、そこで知りあった。会津の蔵ではない者同士、気が合い、月に二、三回、居酒屋で酒を酌《く》み交わす間柄になった。

松崎が清酒アカデミーに入って二年がたった二〇一〇年。矢内が自分の蔵で酒を造らせてもらえると聞き、松崎は動揺した。蔵を継ぐために、酒造りもいちおう学んでおこうと入った清酒アカデミーだったが、気がつくと、酒造りの魅力の虜《とりこ》になっていた。

本格的に酒を造ってみたい――。

松崎酒造は、震災前まで十二本の発酵タンクを使って約3万本の酒を毎年造っていた。杜氏に「タンクを一本、自分にやらせてもらえませんか」と頼み込んだことがあった。だが、「だめだ」と冷たく断られた。気性が荒く怖い存在の杜氏に、それ以上は何も言えなかった。

なぜ、矢内は任せてもらえたのか。

先に行かれる焦りと嫉妬《しっと》を松崎は感じた。

そんな中、自分の前に立ちはだかっていた大きな存在である杜氏が倒れた。

新たな杜氏を蔵に招き入れれば、自分で酒を造れる機会はもう二度とめぐってこないのではないか。矢内を追いかけるどころか、スタート地点にも立てない。

松崎が両親に「待ってほしい」と懇願したのは、自分なりの意地だった。

だが、理由は、それだけではなかった。

日本酒の消費の落ち込みようは著しかった。国税庁の調査によると、最盛期だった昭和四十八年度には平均すると、一年間に成人一人当たり二十二・五リットルの日本酒が飲まれていた。しかし、そのころの平成二十三年度には成人一人当たり五・八リットルと、約四分の一まで減っていた。

日本人の酒の嗜好《しこう》は時代とともに変わった。

国税庁の「酒のしおり」で、酒の種類ごとの「販売（消費）数量」（沖縄県分は入らず）の推移を見ると、昭和四十五年度と平成二十三年度では、シェアは、こう変わった。

最も増えたのは「リキュール」だ。チューハイのほか、「金麦」や「本麒麟」といったテレビコマーシャルでよく見られるようになった「第３のビール」の多くが含まれ、〇・三パーセントから二十二・〇パーセントに伸びた。〇パーセントだった「発泡酒」も九・九パーセントに。焼酎も甲類、乙類を合わせると四・一パーセントから十・八パーセントに。ワインが含まれる「果実酒」も〇・一パーセントから三・四パーセントに増えた。

一方で、日本酒が該当する「清酒」は三十一・三パーセントから七・一パーセントに大幅に落ちた。「ビール」は五十九・四パーセントから三十一・六パーセントに減ったが、その間に酒税の低い「発泡酒」に流れ、発泡酒の税率が引き上げられると、今度は「リキュール」などに分類される「第３のビール」が好調になったのが響いた。「ウイスキー・ブランデー」も二・七パーセントから一・二パーセントに落とした。

日本酒業界は完全な斜陽産業になっていた〔３１３頁・図１、３１４頁・図３参照〕。

国税庁の「清酒製造業の概況」の調査から、日本酒を造っていると回答した業者は平成二十二年度に１５６４あったことは前述したが、この調査で最も古い公表分の昭和五十八年度の２５５２業者と比べても六割まで減っていた。松崎酒造も昔は一升瓶を詰めたケースをトラックで出荷していたのに、自家用車の荷台に積むだけでこと足りていた。出荷量がさらに落ちれば、蔵人の給料や原料となる酒米代すら払えなくなる心配があった。

杜氏が不在になったいまだからこそ、会社の経営を立て直せるのではないか。

まだ若い二十六歳の松崎に、そんな冷静な判断ができたのは、酒造りを学んだ清酒アカデミーで日本酒業界の厳しい現状や蔵の経営についても学んでいたからだ。

実家の酒蔵の将来を考えても譲れなかった。

「自分が杜氏を務めたい」という息子の申し出を松崎の両親はためらった。代々続いてきた酒造りの形を変えることに抵抗があったし、何より経験の乏しい若い息子に酒が造れるものなのか。

「本当にできるの？」と母の英子《えいこ》は息子の松崎に何度も尋ねた。

「やってみなければわからない」

松崎は正直に、そう答えた。

原発事故から一週間ほどがたっていたが、そのころ、どれだけの人が避難していたのか、福島県も詳細を把握しきれていない。県は事故後、知事を筆頭に幹部が一堂にそろう災害対策本部の会議を連日開いていた。事故から一週間後の三月十八日には一日三回の会議をもち、午後六時現在に取りまとめられた「平成23年東北地方太平洋沖地震による被害状況即報（第48報）」によると、避難者数として「8万9923人」が記されている。県内の自治体から上がった人数を県が合算した数字で、中には「精査中」と但し書きがついた報告も多かった。県の担当者は「混乱状態の中で把握できた人数で、実際にはもっと多くの人が避難していただろう」と話す。

次の酒造りの期間に入るまですることはなく、時間があったので、松崎は両親を説得し続けた。

原発事故から一カ月後。父の淳一は「しょうがない。断りの電話を入れるか」と南部杜氏協会に連絡をした。

「『よし。お前がやれ』ではなく、息子がしつこいので『とりあえず、保留にするか』という感じだった。俺からすれば、もうこれで決まりだと、勝手に進み出した」

抑揚をつけず、ゆっくりと静かにしゃべる話し方が特徴の松崎は当時を振り返って、そう言った。

松崎と矢内は、そもそも人に与える印象も性格も違う。すべてにおいて、きっちりとしている矢内に対し、松崎は人との面会の約束もよく忘れる。しゃべり方も、相手によって標準語に切り替える矢内のような器用さはなく、常に地元言葉だった。

なぜ、両親が折れたのか。

いまだにはっきりとした返事を聞いたことはないが、松崎は、こう推し量る。

「仮に息子が酒造りに失敗したとしても、もともと出荷量も少ないから損失が膨らむことはない。原発事故で酒が売れるかどうかもわからないんだから、一度はやらせてみても構わないだろう。両親はきっと、そう考えたに違いない」

蔵人との衝突

松崎酒造の酒造りは秋に始まる。

松崎が杜氏を担うと決まってから、半年ほど時間の余裕があった。清酒アカデミーで酒造りの基礎を学び、前の杜氏のもとで実務も経験していた。だが、すべてを自分で担える自信はなかった。

清酒アカデミーで松崎に酒造りを教え、いまは福島県の日本酒アドバイザーを務める鈴木賢二は当時の松崎のことをよく覚えている。

「『蔵では杜氏から文句ばかり言われている』とぼやいてばかりで、酒造りに関心はないのかなと思っていた。ところが、卒業する半年前から目の色を変えて勉強するようになった」

松崎は清酒アカデミーをすでに卒業していたが、鈴木に「もう一年間だけ学ばせてほしい」と頼み、特例で再入学させてもらった。

現代の日本酒が繊細な味わいなのは、雑味のもととなる米の外側のたんぱく質や脂肪分を含んだ部分を丁寧に削って酒を造っているからだ。外側を削った後の米は、まるで白いビーズのような小さな粒になる。手間をかければかけるほど酒質は上がる。松崎は清酒アカデミーで、そう教え込まれた。

いよいよ、酒造りが始まる十一月になった。

福島県災害対策本部が二〇一一年十一月一日午前八時に発表した「平成23年東北地方太平洋沖地震による被害状況即報（第412報）」によると、県外への避難者が5万8005人に達していた。県民の約三十人に一人に当たる人数だった。

松崎が酒造りに取りかかったのは、避難者がさらに膨らんで県内の混乱が深まる、そういう時期だった。そのごたごたとは別世界のように酒蔵の中は、いたって静かだった。

酒造りは米を洗うことから始まる。

ところが、倒れた杜氏が地元から連れてきていた七十歳の頭《かしら》が松崎の前に立ちはだかった。これまでは数百キロの米を大きな機械でいっぺんに洗米していた。しかし、それでは洗米機の中で米同士がぶつかって割れてしまう。水分の吸わせ方も上と下で均一にならない。松崎は清酒アカデミーで教わった通り、むらが出ないように十キロごとに小分けにして洗米したいと言うと、頭は拒んだ。

「人出がかかる。作業する時間も余計にかかる」

松崎は引かなかった。洗った米をたらいに入れ、米に均一に水を吸わせるため、重量計を使い、たらいごとに水分量を量った。以前は二十分で終わっていた作業が一時間以上かかった。

次の「麹《こうじ》造り」でも頭と衝突した。

酒ができるには「発酵」という過程が欠かせない。発酵によってアルコールが生じる。発酵させたいものの中に糖分がないと発酵は始まらない。ワインの場合、原料であるブドウに糖分が含まれているため、ブドウだけで発酵が進むが、日本酒の原料の米には糖分が含まれていない。そのままでは発酵しないため、麹菌を使って米に含まれているデンプンを糖分に変えている。

麹菌は簡単に言うとカビのことだ。カビは人にとって有害なモノだけでなく、有益なモノもある。蒸した米にコウジカビという有益なカビを繁殖させ、変身させたのが麹だ。コウジカビは湿度の高い東アジアや東南アジアにしか生息していない。麹は日本酒だけでなく、味噌《みそ》、みりん、醤油《しょうゆ》などの発酵食品で広く使われている。

松崎が清酒アカデミーで教わった方法は、蒸した後に台の上に広げた米にコウジカビの胞子を振りかけ、手で固まりにして、それをほぐし、また固めてほぐすという作業だった。コウジカビの胞子はふるいを使い、宙に振るようにして広げる。緑色の細かい粒子が舞うさまは、とても神秘的だ。松崎は、麹菌がまんべんなく行き渡るように二時間ほど、ほぐす作業を続けた後、布に包んだ。

だが、前の杜氏の手法は違った。最初から、あえて硬めに米を蒸し上げ、麹菌を振りかけた直後に米をほぐすことなく布に包んだ。

頭が、そのやり方で麹造りを始めると、松崎はやり直させた。

「蔵人が少ない中で、二時間もかけるなんてあり得ない」

頭は反発したが、松崎は、ここでも引かなかった。蒸米が硬くなると、再びほぐしてバラバラにし、また固めるという作業を重ねた。もう一人いた蔵人はどちらの味方もせず、言われた作業をたんたんとこなした。

地元の人たちが松崎酒造に求めたのは、いつでも手に入る酒だった。うまいにこしたことはないが、買いやすい値段の方が大事だった。前の杜氏が造る廣戸川を松崎はおいしい酒だと思っていた。それは、できたての新鮮な酒を蔵でいつも飲んでいたからだと、後で知った。

清酒アカデミーに通っていたとき、同期たちから居酒屋で「勉強のために、これ飲んでみな」といろんな銘柄の酒をすすめられた。どの酒も杯が進んだ。

廣戸川は、どちらかというと「軽めの酒」だったが、すすめられた酒は同じ軽めでも、うまみがあったり切れ味があったりと、特徴があった。それと比べ、居酒屋で飲んだ廣戸川は蔵で飲む新鮮な味とは違い、薄っぺらい感じがした。

「前の杜氏は自分の経験と勘を頼りに少ない蔵人で効率よく酒を造っていた。酒質を抜きにすれば、生産性と作業効率がいい、名杜氏だった」

松崎は、そう振り返る。

乏しい経験しかない松崎ができることは限られていた。それぞれの工程により時間をかけて丁寧に向き合うしかなかった。造る酒の量は少ないので、十分な時間をかけることができた。二日かかる麹造りでは一睡もせず、完成するまで、そばで見守り続けた。

衝撃が走った酒

福島県には「福島県ハイテクプラザ会津若松技術支援センター」という県の研究機関がある。酒蔵から持ち込まれた麹などを分析する、酒造りの「支援部隊」だ。

初めての仕込みに挑んだ松崎は心配なことがあると、一日に二回はハイテクプラザの醸造・食品科長だった鈴木賢二の携帯電話を鳴らした。ときに深夜や早朝になった。

昔は地方の蔵元と言えば、かつて首相を務めた岸信介、佐藤栄作、池田勇人、竹下登の生家がそうだったように、地元の名士が担うことも多かった。経営と酒造りは切り離され、経営者である蔵元は酒造りを杜氏に任せ、杜氏は地元から率いた蔵人たちと酒造りを担った。酒造りの期間、杜氏集団が寝泊まりする場所や食事は蔵元が用意した。日本酒の出荷量が落ちると、蔵の経営は厳しさを増し、杜氏のための費用を捻出できない蔵元が相次いだ。杜氏自体の高齢化も進み、昔のように杜氏の後継者にこと欠かないという時代ではなくなった。

福島県の酒造組合が福島県清酒アカデミーを立ち上げたのは、県外の杜氏集団に頼らず、自前で杜氏を養成しようという狙いがあった。

自前で杜氏を雇いづらくなった平成の時代に入ると「蔵元杜氏」という言葉が広がった。経営者である蔵元が杜氏も兼ねるという形態で、料理店の経営者が料理長も兼ねる「オーナーシェフ」に似ている。松崎が大学を卒業して実家に戻った二〇〇八年、蔵元杜氏は福島でも珍しくなかった。すでに経営の厳しい蔵は多く、費用がかさむ杜氏集団に退いてもらい、蔵の人間だけで酒を造らざるを得ないという事情が大きかった。国税庁の「酒類製造業及び酒類卸売業の概況」という各蔵元への二〇二一年の調査を見ても、酒造りの期間だけやって来る杜氏が製造責任者を担うという昔ながらの形態は全国で百二十六事業者にとどまり、酒蔵全体の十二・一パーセントにまで減っている。

松崎は酒造りを始める前、知り合いの酒屋から「どういう酒を造りたいんだ」と尋ねられた。「めざしたい酒」と答えたのが「醸し人九平次」だった。

ライバルの矢内賢征が母から渡された本『愛と情熱の日本酒』にも取り上げられた名古屋市にある萬乗《ばんじょう》醸造の酒だ。フランスのミシュランガイド認定の三ツ星レストランのワインリストに載ったことで有名になった。若き経営者、久野九平治が蔵元杜氏として高校の同級生とともに造って人気を博した。

松崎が清酒アカデミーで学んでいたとき、萬乗醸造を見学させてもらったことがあった。試飲させてもらったときの衝撃は忘れられない。飲んだ瞬間に頭の中に「?」が浮かんだ。口の中には、ほのかな甘みが広がったが、どうやって、その甘みを出したのか想像もつかなかった。

第一線にいる造り手たちが日本酒を評価するいちばんの物差しは「完成度」だ。鑑評会向けの出品酒と違い、大量に造られる市販酒は、どうしても欠点がでやすい。わずかなミスであってもプロの造り手は、それを見逃さない。

試飲した酒は、出品酒のような上品な甘みを持ちながら、それでいて、きれいな香りを感じさせる強い個性があった。松崎は完成度の高さに、「感動」の言葉しかなかった。

初の金賞受賞

酒造りに欠かせない「発酵」という現象は、目に見えないので、それを仕事としている人以外にはイメージしづらい。

生物学で説明すれば、発酵は微生物が酸素を必要としない代謝の仕方でエネルギーを得ることだそうだ。微生物は動物と異なり、酸素がなくても活動できる種類がたくさんあるという。酸素がなくても糖分を分解してアルコールなどの物質に変え、このときにエネルギーを得ることができる仕組みになっていると、専門家たちは説明する。

発酵の仕組みは、身近にあるパン作りにも生かされている。

パンは通常、小麦粉と水にイースト菌を混ぜ、こねた生地を発酵（一次発酵）させ、さらに発酵（二次発酵）させて膨らませたものを焼いて完成させる。

原料を混ぜるときに加える砂糖を微生物のイースト菌が「餌」として食べ、炭酸ガスとアルコールを排出する。アルコールはパンを焼くときの熱で消えるが、炭酸ガスがパンをふっくらとさせる。

「イースト（ｙｅａｓｔ）」は日本語だと「酵母《こうぼ》」だ。

微生物である酵母は地球上のあちこちに生息し、千以上の種類があるらしい。その中の限られた種類の酵母が酒やパンの発酵を担っているそうだ。イースト菌は粉末として売られているが、日本酒の酵母の多くは容器に入った液体として酒蔵が購入している。

ビールの場合、発酵で排出される炭酸ガスがのど越しをよくしてくれるが、日本酒の場合は通常、約一カ月かけて低温で発酵させるため、パン作りとは逆に炭酸ガスが消えてアルコールが残る。麴造りに使うコウジカビも微生物で、その微生物が米のデンプンを糖分に変えることは前述した。「酵母」という微生物がさらに、その糖分を餌として食べてアルコールが生じて日本酒になるのだから、複雑な仕組みに驚かされる。

つまり、日本酒は、米という「自然の恵み」だけでは完成しない。人がコウジカビと酵母を操って発酵させているから酒となるのだ。

松崎の酒造りに戻ろう。

蒸した米にコウジカビを振りかけて「麴」を造った後に「酒母《しゅぼ》造り」という工程に移る。酒造りの本格的な発酵に備え、文字通り「酒を産む母」を用意する作業だ。手順はこうだ。小さなタンクに麹と水、乳酸、酵母を入れ、そこに蒸し米を投入する。途中でかき混ぜながら酵母を増殖させていく。初期に一ミリリットル当たり約6万匹いる酵母は一週間ほどで千倍の、一ミリリットル当たり約6千万匹にまで増える。

酵母は生き物で、酒母を造るとき、タンクの中で白い泡がぷくぷくと上がり続ける。これも、まさに神秘な世界だが、松崎は、自分の蔵で酒母造りを経験したことがなかった。前の杜氏のもとで働いていた二年間、酒母には触らせてもらえなかった。日本酒の「教本」を片手に、福島県ハイテクプラザの鈴木に電話をかけて指示を仰ぎ、何とか乗り切った。

だが、最終盤の「醪《もろみ》造り」でつまずいてしまった。醪とは、日本酒のもととなる液体だ。醪を搾ってこすと酒になる。

水をはった大きなタンクに、できあがった酒母を入れ、通常は三回にわけて蒸し米と麹を投入（二回目以降はさらに水も）して一カ月ほどかけて発酵させていく。ところが、松崎が醪を造って二十日目、発酵が進むどころか、発酵がとまってしまった。そのままだと、アルコールが生じやすいので酒にはならない。それまで手をかけたすべての作業が台無しになってしまう。

松崎は、目の前が真っ暗になった。

売られている日本酒のアルコール度数は通常十五～十六度ほどだが、それは飲みやすいように水を加えているからだ。蔵で仕込んだときのアルコール度数は二十度に近い。松崎が初めて仕込んだ酒は、発酵タンクの中の醪のアルコール度数が十四度になったところで、それ以上、上がらなくなってしまった。

「どうなっているんでしょうか」

血の気が引き、慌てて鈴木に電話した。

醪を最初、低温にしすぎてしまったため、酵母の活性が弱まってしまったからだと、鈴木は教えてくれた。鈴木に言われた通り、蔵に暖気を入れてタンクを温め、醪の温度を少しずつ高くしていくと、アルコールの度数は上がり出した。

すんでのところで救われた。

醪が完成するまでの一カ月間、松崎は醪が入ったタンクに寄り添い、祈りながら見守った。

白くどろどろの液状になった醪を酒にする日がやって来た。

つるした布袋に注いだ醪を搾ると、酒が勢いよく出てきた。

松崎は、容器にたまった酒を、右手に持ったお猪口《ちょこ》に注いだ。ドタバタの酒造りだったが、初めて仕込んだ酒である。期待は膨らんだ。

お猪口に入った酒を見つめたまま、松崎は飲むのをためらった。

搾る前の醪の数値分析で問題がないことはわかっていたが、本当に酒になっているのか。考え出すと、急に怖くなった。

長い時間を感じた。

そして、覚悟を決めて口にした。

ずっと対立していた頭も一緒に利き酒をしてくれた。

ぼてっとした、やぼったい味だった。造る前にイメージした「フルーティーで洗練された味」には、ほど遠かった。「醸し人九平次」の味とは比べようもなかった。

ただ、のどの奥に懐かしい味を感じた。自分が生まれたときから毎日飲み続けている、天栄村の水の特徴であるミネラル感だった。

もう一度、口に含んだ。

鼻から抜ける香りに、やっぱり地元の水の味がぎゅっと詰まっているように思えた。

上手な酒とは、とても言えない。でも、これでいいんじゃないか。

松崎は自分がめざす酒の姿が見えた気がした。

松崎の両親は、酒造りをする息子から「こんなんじゃ、だめだ」と愚痴を聞かされてばかりいたので、その酒を飲み、「ちゃんと酒になっているじゃないか」と驚いた。

二〇一二年五月。両親にとっても、もちろん松崎にとっても思いもしないことが起きた。

松崎酒造では毎年十月から翌年の五月まで酒を次々と仕込んでいく。軌道修正しながら、思い描く酒質に近づけていく。松崎は最初に仕込んだ酒の失敗を踏まえ、全国新酒鑑評会向けの出品酒を手がけた。

その酒が「金賞」を受賞したのだ。

八百七十六点の酒が出品され、特に優秀な酒に与えられる金賞二百四十六点の一つに選ばれた。

初めての出品で金賞受賞という偉業に、蔵のパート従業員の近所のおばちゃんたちは泣きながら喜んでくれた。

全国新酒鑑評会は一位を決める大会ではないが、若い造り手たちにとって金賞受賞は自信につながり、蔵の名をＰＲできる格好の場でもある。

松崎は、掛け値なしにうれしかった。

全国新酒鑑評会とは、どんな大会なのか。

第一回は明治四十四年で、歴史のある全国規模の唯一の日本酒の鑑評会になる。現在は財務省が所管する酒類総合研究所と日本酒造組合中央会によって毎年催され、蔵元は五百ミリリットルの瓶に入れた酒を十本出品する。開催は「酒造年度」ごとで、国が酒の製造量を把握するために法律で定めている期間だ。酒造りが一段落している七月一日から、翌年の六月三十一日までが該当する。

全国新酒鑑評会の審査員は酒類総合研究所の職員や各地方の国税局の鑑定官、県の技術研究機関の研究員、各地の酒造組合から推薦された蔵元らが務める。広島県東広島市にある酒類総合研究所に審査員が集まり、予審は三日間、決審は二日間かけ、審査員にはどの銘柄かわからない状態で審査される。半数ほどが入賞酒にまず選ばれ、その中の四割程度が金賞となる。

金賞受賞酒の多くには酒造りに最も適しているとされる酒米の王者「山田錦」が用いられるが、松崎が使ったのは「夢の香《かおり》」という地元米だった。福島県のベテラン杜氏たちは新人が、しかも山田錦以外の酒米を使って金賞を受賞したことに驚いた。

松崎の母、英子はそれまで松崎の酒造りをずっと不安に感じていた。酒造りが向いていなければ、転職すればいいとすら思っていた。金賞受賞によって、息子が「これからも日本酒を造り続けてもいいんだ」というお墨付きをもらえたように思え、誇らしかった。

松崎より先に酒造りを始めた矢内も、ライバルの金賞受賞を我がことのように喜んだ。受賞が発表されると、年上の松崎にすぐに電話をかけ、その夜、二人の行きつけの居酒屋で祝杯をあげた。

名杜氏の存在

矢内は実家に戻っても、あこがれた東京で手応えをつかめなかったという挫折感の方が大きかった。東京でやることがなく、惨めな思いを感じながら帰ったというのが正しかった。大学の友人たちには誰一人、福島に戻ることは伝えなかった。

豊国酒造には簗田《やなだ》博明という名杜氏がいた。県内のどの蔵人たちからも知られた存在だった。「南部杜氏」の発祥の地とされる岩手県紫波町から、農作業を終えた毎年十一月に六人の蔵人を連れて蔵にやって来る。住み込みながら翌春まで酒を仕込んだ。

南部杜氏協会によると、昭和三十九年には杜氏が三百四十九人、頭以下だと2933人と計3282人の会員がいた。簗田の家の近所だけでも百人近くに上った。季節労働者として多くが県外に出稼ぎに行った。

簗田は地元の高校を卒業後、岩手県と宮城県の三カ所の酒蔵で働いた。「南部杜氏」を名乗るには協会の資格試験に合格しなければならない。三十五歳のとき、福島県の酒蔵で働いていた近所の杜氏から「杜氏探しを頼まれたので行かないか。まずは杜氏の試験を受けてくれ」と豊国酒造の働き口を持ちかけられた。

まだ東北新幹線がない時代だった。古殿町まで行くのに自宅から車で片道八時間ほどかかる。あまりに遠いので断った。しかし、南部杜氏協会の役員から「五年間だけでいいから、頼まれてくれないか」と頭を下げられ、引き受けることにした。

腕もよく、どんな窮地でも、いつも物静かで穏やかな簗田は豊国酒造で大事にされた。「五年」の約束だったはずが「あと五年」と懇願され、結局、三十六年間働いた。

七十一歳まで現役だった簗田の半世紀の歩みは、日本酒の近年の歴史そのものだ。

紫波町は盛岡市から車で三十分ほどの場所にある。奥羽山脈を見晴らせる田園地帯が周りに広がる一軒家で暮らす簗田は、こう話す。

「蔵人としての最初の日当は二百円だった。当時は酒と言えば、日本酒。昔は級別（一九九二年に廃止）にわかれ、特級が『品質が優良であるもの』、一級が『品質が佳良であるもの』、二級が『品質が特級、一級以外のもの』だった。国が審査して決めていたが、みんな好んで二級酒を飲んでいた。親しい人に一級酒を土産で渡そうとすると『二級酒にしてくれ』と言われるほどだった。毎日気軽に飲める安い酒の二級酒が一般社会ではとにかく好まれていた。酒とは、そういうものだ。そのころの二級酒の値段は四百円台。映画を見るのは百五十円で、仕事が一段落すると、気晴らしに映画館によく行った。やがて高度成長期に入り、労賃は倍々で上がっていった。ビールが台頭し始めると、日本酒は飲まれなくなり、福島県でもかなりの酒蔵が廃業に追い込まれた。酒は気楽に飲めるというのがいちばんだから、ビールが飲まれるのは仕方がない。仕事を失った腕のいい杜氏は伏見（京都）や灘（兵庫）の大手メーカーにスカウトされていった。時代が平成に入ると、日本酒は吟醸酒ブームになった。私らにはジュースみたいな印象だったけどね。これ酒なの？と。吟醸酒を飲んでも後味は何も残らず、何を飲んだんだっけという感じだったが、女の人には評判がよくてね。豊国酒造がある阿武隈山系の水は『硬水』なので、普通酒には適しているんだけど、上品な吟醸酒には合わない。大手だと、イオン交換で軟水化すればいいが、豊国酒造に、そこまでのカネはない。軟水の水脈を近くであちこち探しまわるのに苦労したよ」

簗田は、矢内が生まれる前から豊国酒造で杜氏をしていた。矢内にとっては子どものころから近くにいる「優しいおじいちゃん」だった。矢内の両親と矢内夫婦と、二代にわたって蔵元の結婚式に出席した。

二〇一〇年。いつも謙遜してばかりいる簗田が造った酒が、百年の歴史を誇る南部杜氏自醸清酒鑑評会で最高位となる首席に選ばれた。矢内が実家に戻った翌年のことだ。

簗田の酒は全国新酒鑑評会で二〇〇七年から金賞を連続受賞していたが、南部杜氏にとって南部杜氏自醸清酒鑑評会での首席は誰もがあこがれる最高の名誉だった。

「全国新酒鑑評会の金賞は七十点の酒であれば、受賞できる。一位を決めるわけではなく、多くの酒が同率の金賞に選ばれる。南部杜氏の鑑評会の首席は一点だけ。百点を取らないと、首席にはなれない。百点をめざすということは、ちょっと間違うと、二十点の酒まで落ちてしまう。それだけリスクを伴う挑戦をしないと、一位にはなれない」

ある南部杜氏は南部杜氏自醸清酒鑑評会の「首席」の価値を、そう説明してくれた。

当時、南部杜氏の協会には二百人近くの杜氏が所属し、三十都道府県の酒蔵で杜氏を務めていた。そこでの一位は、まさに全国で最高レベルの杜氏を意味した。翌年の南部杜氏の鑑評会は東日本大震災で中止になったが、簗田が造った酒は次の二〇一二年の鑑評会でも続けて首席に選ばれた。

簗田が修業した時代、酒造りは先輩の蔵人たちの仕事を見ながら自分で盗むものだった。酒業界に限らず、きっと多くの分野がそうだっただろう。だが、簗田は豊国酒造で後輩の蔵人たちに自分で教えられることはすべて言葉で教えた。隣の茨城県の三十代の若者が「ここで働かせてください」と、住み込みで働き始めたことがあった。簗田は言った。

「私らがやっている一つひとつの作業を見逃さずに全部見ろ。何のためにその作業をしているかをまず自分で考えろ。わからなければ、何でも聞け」

いい酒を造れるかどうかは蔵人たちの経験値で決まる。それぞれの工程で、その仕事を担う蔵人が満足いく仕事をすれば、間違いなくいい酒はできる。それが簗田の持論だった。

「酒造りは理屈じゃない。相手は生き物だ。毎日気温も湿度も違う。計測器の数字では表せない違いがある。発酵が進む速さは気候で変わる。最初から終わりまで思い通りにいく日なんて一日もない。刻々と変化する状態をいかに早くつかみ、修正していくか。よりいい酒を造るということは、その分、高みに上がるということだから一歩間違えれば、真っ逆さまに落ちてしまう。自分の思い通りになればいいが、反対に行ったらそれで終わってしまう。高い建物の屋上の端っこを歩くような、ぎりぎりの作業だ。そのときに頼りになるのは自分の経験しかない。どれだけ場数を踏み、失敗した経験を持っているか、それが自分の引き出しになる。若い蔵人たちにもより多くの経験を積んでもらいたかった」

簗田は、そう説明してくれた。そして、笑いながら、こう言った。

「でもね、過去の酒造りと同じ状況になることなんて一度もないんだよ。だから、手を抜けない。自分でやれる限りのことをして最後は天に任せるしかない。毎年毎年が常に一年生の心境だった」

引退後の紫波町では、自宅の庭に咲き誇る花の手入れが毎日の楽しみになっている。

失敗した酒造り

矢内の父、定紀《さだのり》は大学を卒業して蔵に戻って来る息子を「営業の仕事からまずは覚えさせるか」と思っていた。偶然、福島県ハイテクプラザの醸造・食品科長だった鈴木と一緒になる酒席があった。

鈴木は酒造りの指導者として県内で高く評価されていた。徹底した分析を酒造りの現場に持ち込み、他県の酒造組合から講演依頼もひっきりなしに舞い込んでいた。

「東京から息子が帰って来るんだ」

定紀は、うれしそうに鈴木に話しかけた。酒が入っていたことも重なり「息子を預かってくれないか」と持ちかけた。鈴木は「半年間の研修制度がある」と引き受けた。矢内は福島県ハイテクプラザがある会津若松市に二〇一〇年四月、アパートを借りた。清酒アカデミーの講義はハイテクプラザ内で実施されているため、清酒アカデミーにも入校し、ハイテクプラザの研修と並行しながら酒造りの勉強を続けた。

矢内は父親が蔵に入った姿を自分の幼少時代も含め、一度も見た記憶がない。酒造りは杜氏の築田にすべて任せていた。自分もそれを踏襲すべきだという思いの一方で、母から送られた日本酒の本のことが頭から離れなかった。

酒造りの作業にも、かかわりたい。

ハイテクプラザの半年間の研修を終えると、簗田の酒造りを手伝い始めた。その冬、酒造りに使わないままの酒米が蔵にあった。酒米は例年、酒造りに入る前の酒造計画に基づいて注文するが、見込んだ出荷計画に届かず、余っていた。

矢内は簗田に声をかけられた。

「造ってみるか」

地元の「美山錦《みやまにしき》」という酒米だった。長野県で誕生した酒米で、米の中心の「心白《しんぱく》」という部分が美しい山の頂のような形をしていることから名前がついたと言われる。寒さに強いため、東北では多く栽培されているが、米の味が酒に出にくく、扱いづらい米だと、矢内は思っていた。酒米の王様とされる「山田錦」を使いたかったが、酒造りを任される喜びで酒米まで気にしてはいられなかった。

タンクを一本借り、挑んだ。簗田がやっている通りにまねれば、いい酒になる自信があった。だが、できあがった酒は苦くて渋く、香りもなく、たんにアルコールが入った飲み物でしかなかった。とても酒とは言えなかった。

矢内は、自分の非力さとともに、酒造りの奥深さを思い知らされた。

もう一人の師匠である福島県ハイテクプラザの鈴木からは「学校の勉強はでき、試験ではいい点数を取れるが、応用が利かない」と酷評された。

矢内は初めて造った、その酒について、こう語る。

「小手先だけの酒だった。酒造りのそれぞれの工程が何のためにあるのか、何もわかっていなかった」

これまでにも増して簗田の後ろを追っかけ、簗田の作業を見逃さないように目をこらした。意味がくみ取れない動作があると、その場で質問攻めにした。

二〇一一年。震災と原発事故のごたごたの中、自分の酒を造る二度目の年になった。

その年、簗田は妻の看病のため、豊国酒造を去った。

一回目の失敗を踏まえ、矢内は香りを出すことを意識して酒を造った。その酒を飲んだ松崎は、こう振り返る。

「嗅ぐだけですごい香りがした。当然うまい酒なんだろうなと、期待値が膨らんだ。だが、飲んだら裏切られた。まあ、こんなもんだろうと思った」

松崎が初めて廣戸川を造った二〇一一年から、二人は、その年に造った最初の一本ができあがると、それを持ち寄り、なじみの居酒屋で落ち合った。場所は松崎酒造がある天栄村と豊国酒造のある古殿町の間にある須賀川市の居酒屋と決まっていた。それぞれ感想を言い合う。ときにヒートアップし、感じた欠点をぶつけた。「昨日は言いすぎました」と翌朝に謝りの電話を毎回入れるのは年下の矢内だった。

米を原料とする日本酒造りは、稲作に伴って一年周期でめぐって来る。一年間でできることは限られる。矢内は毎年一つだけ、自分でテーマを設けた。二〇一一年は、どう香りを出すかを課題にしたが、翌年は苦みや渋みをどう抑えるかをテーマにした。

その酒に松崎は驚かされる。

「抜群においしくなった。これはやばいと思った」

全国新酒鑑評会には、矢内が造った酒が出品された。松崎は二年続けての金賞受賞となったが、矢内も初めての出品ながら金賞に選ばれた。

なじみの居酒屋で、今度は二人そろっての祝杯をあげた。

矢内賢征二十七歳、松崎祐行二十八歳の初夏のことだ。

東京でのグランプリ

二〇一四年の冬。二人の将来を決定づけることが起きた。

それを記す前に、全国新酒鑑評会の位置づけについて触れたい。

「日本醸造協会誌」によると、明治の終わりから昭和の初めまで全国規模の二つのコンクールがあった。明治政府が設立した醸造協会（後に解散し、財団法人日本醸造協会として組織される）が、まず明治四十年に「全国清酒品評会」を始め、明治四十四年に国立の醸造試験所による「全国新酒鑑評会」が続いた。

明治三十五年に日本酒の製造場は国内に1万2496あった。当時、酒から徴収する税金は国家予算の大黒柱の一つで、日本が近代化に突き進むための財源だった。国からすれば、酒税をしっかりと確保するために酒質の安定は欠かせなかった。明治四十四年の第三回全国清酒品評会には2294点の酒が出品された。

日本醸造協会主催の全国清酒品評会は昭和十三年まで続いたが、太平洋戦争に伴って終わりを迎え、現在は「後発」の全国新酒鑑評会だけが催され、全国規模の唯一のコンクールとなっている。

鑑評会の出品酒は、酒屋で売られている市販酒とはまったく違う。

「車の世界で言えば、市販されている酒が『乗用車』だとすれば、出品酒は『レーシングカー』だ」

そう言い表す蔵元もいる。

出品酒は、いちばんいい米を使い、雑味がでないように米の周りをとことん削る。インパクトが強くなる酵母を使い、低温でじっくり時間をかけて発酵させ、それを一滴ずつ、しずくのように搾る。手間がかかるため、少量しか造れない。

若手の造り手にとっては登竜門だが、すでに人気が定着している蔵元からすれば「金賞といっても数百点もの酒が金賞に選ばれるので重みがない」と関心は高くない。市販酒の製造に追われ、出品などしない蔵もあれば、市販酒の中でいい酒を選び、いちおう出品だけしている酒蔵もある。

鑑評会用の特別な酒ではなく、身近な市販酒を対象にナンバーワンを決めようじゃないか。

東京の大手「はせがわ酒店」が中心になって、そんな品評会を始めたのは二〇一二年だ。「SAKE COMPETITION」と名前をつけ、各県の技術指導員や有名蔵元ら約四十〜五十人の審査員が銘柄を隠した状態で品格や香り、おいしさ、飲みやすさ、料理との相性などを基準に、部門ごとに「トップ10」や「トップ5」などの酒を決めた。

　新型コロナウイルスの感染拡大で二〇二〇年から中止を余儀なくされているものの、毎年催されてきた。「十四代」「磯自慢」といった日本酒を代表するそうそうたる銘柄の酒が競って順位がつけられるため、酒市場で注目された。

　全国の有名蔵元たちを驚かす番狂わせがあったのは二〇一四年秋に開かれた三回目の「SAKE COMPETITION」だった。

「純米酒」「純米吟醸」「純米大吟醸」「Free Style Under5000（5千円以下）」「Free Style」と五部門あった中で「Free Style」の一位に輝いたのが、松崎の造った「廣戸川」だった。

「Free Style」部門には五十八銘柄が出品された。二位は「月桂冠《げっけいかん》（京都市）」、三位は「作《ざく》（三重県鈴鹿市）」、四位は「鳳凰美田《ほうおうびでん》（栃木県小山市）」、五位は「七賢《しちけん》（山梨県北杜市）」といった有名銘柄をまったくの無名の若手が抑えた。「作」は二〇一六年の伊勢志摩サミットでワーキングランチの乾杯酒に用いられた酒だ。

　東京であった表彰式はサッカーの元日本代表、中田英寿がプレゼンターを務め、華々しい雰囲気の中で催された。慣れないスーツ姿の松崎の隣に立ったのは、栃木県を代表する「鳳凰美田」の造り手、小林正樹だった。ベテランの小林は福島県の日本酒のほとんどの銘柄を知っていたが、廣戸川の名前は、そのときに初めて知った。

　これまで苦労してきた福島県の無名の酒蔵が、やっと日の目を見たのだろうと、小林は年配の蔵元を想像した。小林自身、まだ二十代のとき、どん底にあった実家の蔵を立て直した経験があり、小さな蔵への眼差しは優しかった。

ところが、表彰式で小林の隣に立ったのは、おかっぱ頭で、まだ童顔の二十九歳の松崎だった。小林はびっくりして松崎の顔をまじまじと眺めた。

全国新酒鑑評会で松崎とともに金賞受賞を続けていた矢内も「SAKE COMPETITION」の別部門に出品した。入賞した十本に名前はなかった。

矢内からすれば、ともに甲子園出場をめざし、励まし合いながら競ってきた隣のライバル校がいきなり甲子園で活躍したようなものだった。

松崎に初めて嫉妬を感じた。

「日本一」の杜氏が壁に

松崎が「SAKE COMPETITION」で一位に輝いたことで、矢内はライバルにはるか先に行かれてしまったという、ふがいなさを味わった。

翌二〇一五年。「一歩己」の発売が五年目を迎え、二十九歳になった矢内は勝負に出た。

酒造りのことが、ようやくわかってきた矢内にとって、いちばん難しい工程が醪造りだった。酒になる前の最終段階なので、ここで味が決まる。コウジカビや酵母といった微生物を人が操ることで酒ができることは前に触れたが、醪は最も手ごわい相手だと、矢内は感じていた。

酒のうまみは酒に含まれるアミノ酸で大きくは決まる。発酵するときに米が溶けてできるアミノ酸は酒の味を豊かにするが、発酵が進んでアルコール度数が高くなりすぎると、逆に酒の後味がくどくなってしまう。発酵のもととなる酵母が死んでしまって「悪」のアミノ酸が生じるからだ。

それは、こんな仕組みだ。

酵母が糖を食べ続けると、アルコール度数は上がるが、餌を食べたことで酵母は次第にぱんぱんになって動きが鈍ってしまう。醪の中で「押しくらまんじゅう」をしているような状態になるからだ。酵母の動きがとまれば、アルコール分も増えず、しまいには自分が作り出した高濃度のアルコールで死んでしまう。

そのため、追い水をすることで密集した酵母をばらけさせ、再び動きを始めさせる必要があった。どの時点で、どれぐらいの水を加えるのか。使われる酒米の百五十パーセント前後の水が必要で、一回ごとに加える量は十〜二十リットル程度だ。その見極めが杜氏にとって大きな判断になる。

矢内は言う。

「いろんなデータにもとづいて判断するが、数値は物差しでしかない。いまあるアミノ酸が出ているのは酵母が苦しいからなのか。自分が水を加え、酵母が呼吸を始めたからなのか。それは数値からは見えない。自分の五感を研ぎ澄まし、醪を見ながら判断するしかない」

矢内は発酵しすぎるのを抑えるため、醪から酒を搾る時期を、わずかではあるが早めた。それによって、それまでの酒と比べ、アルコール度数は〇・三パーセント下がった。

福島県ハイテクプラザの鈴木から「もっと早く搾り、アルコール度数を落とさないとだめだ」と繰り返し、指摘されていたからだ。

鈴木が見抜いたのは、矢内にとって絶対的な存在の元杜氏、簗田の影だった。簗田のやり方に引きずられすぎていると、鈴木は感じていた。

強い酵母を使って、ぎりぎりまで発酵させることで「善」のアミノ酸を出し切るというのが簗田の酒造りだった。簗田が蔵を去った後も、矢内は酒の仕込みに入ると、二日に一回は岩手にいる簗田に電話をかけて相談していた。

酒の造り方は時代とともに変わる。酵母も次々と新しいものが開発されている。矢内は鈴木に言われて毎年アルコール度数を〇・一パーセント程度ずつ小刻みに落としてはいたが、その都度、鈴木から「落とし方が足りない」と叱責された。

鈴木は言う。

「一歩己がだめな酒ではなく、むしろ高いレベルにはなっていた。でも、もっとキレ味のある酒になる伸び代があった」

「キレ」とは日本酒の表現として使われる言葉だ。口の中で余韻が続くワインとは対照的に、後味がすっきりする酒を意味する。

矢内は悩んだ。

「高みをめざせ」という鈴木の意図はわかっていた。一歩己がすでに「平均点以上の酒」になっているという自負もあった。鈴木の言う通りに造り方を変え、もし味が変われば、せっかく築いた一歩己の評判を失うことにもなりかねない。

だが、松崎は自分の手の届かない先を走っている。いまの一歩己で自分は満足できるのか。勝負するしかない。

二〇一六年の二月。鈴木が豊国酒造を訪れた。できあがったばかりの一歩己を口に含むと、鈴木は「これはすごいよ」と矢内に笑みを向けた。

古殿町の地元のなじみ客も「去年の酒と比べ、口当たりがよくなった」と声をかけてくれた。矢内にとって、その言葉が何よりもうれしかった。

ブランドを支える酒屋

矢内は二〇一一年一月から販売を始めた一歩己の酒瓶のラベルに、自身の覚悟を示す言葉を記している。最初の年は、こうだ。

「誰もがうなずける酒を造っていきたいと思っています。焦らず、急がず、そして弛まず、一歩ずつ……。どうぞ厳しい舌で喉で末永くおつきあいください。平成二十三年春　若き蔵人」

矢内が最初に考えていた銘柄は「一歩己」ではなかった。「一歩ずつ」という名前だった。

矢内に「直接的すぎて、その名前じゃ売れない」と再考を迫った酒屋がいた。宇都宮市にある「かしわじ酒店」の店主、柏次亨《かしわじとおる》だ。

豊国酒造のかつての名杜氏、簗田の評判を聞き、矢内が酒造りを始める前から豊国酒造の酒を扱っていた。矢内が「己」の一文字を加え、音の響きも考えてひねり出した名前が「一歩己」だった。

その年の三月に原発事故が起きる。

「県内の多くの人たちが避難している、こんなときに酒を造っていて、いいのだろうか」

迷う矢内に「せっかく踏み出したんじゃないか」と、背中を押してくれたのが柏次だった。

翌二〇一二年。柏次は自分の店で、地元の栃木県で有名な「鳳凰美田」の造り手、小林正樹を矢内に引き合わせた。松崎が「SAKE COMPETITION」で一位になる前の話だ。

先代と違う銘柄の酒を自分の代で築いたという点で、小林は矢内の大先輩だった。

「福島の若手が、こういう酒を造りました」

柏次に、そう促されて一歩己を口にした小林は緊張する矢内に、こう言った。

「おいしいよ。でも、この酒が東京の酒屋に並ぶということは、俺たちの世代の酒が棚から一個消えるということだ。わかっているか」

そのころ、日本酒は雑誌でよく特集を組まれるなどして注目されていた。東京市場でもてはやされても実力がなければ、あっという間に消えていく。ぶれない酒を造る基礎を築かなければいけない若いときに無理して突っ走ってはいけない。

そんな「親心」から矢内の覚悟を問う、小林の助言だった。

「酒処《さけどころ》・福島の若手が造った酒」というだけが一歩己を県外で売る営業文句だった。まだまだ、とても太刀打ちできない。先人たちを超える酒を造らなければ。乗り越えなければいけない壁があるんだと、矢内は教えられた気がした。

酒屋は酒造りをする蔵元にとって欠かせない存在だ。造った酒を売ってくれるだけでなく、客の反応を返してくれ、叱咤激励までしてくれる「一心同体の存在」でもある。

矢内が足場固めに立ち戻ろうとする一方で、ライバルの松崎に競争をたきつける古株の酒屋が会津にいた。

「俺の店に顔を出す時間があったら東京へ行け」

会津若松市にある「酒のトーヨコ」の店主、横野邦彦だ。

横野が松崎と初めて会ったのは、震災があった翌春の二〇一二年だ。

「若手の蔵元が震災にめげずに酒造りに挑んだ」

そんなストーリーを紹介した地元の新聞「福島民友」の記事が目にとまった。

「酒を一本、持って来ませんか」

当時六十七歳の横野は松崎酒造に電話をかけた。松崎は車で一時間かけ、店を訪れた。

若いときに商社で働いた経験がある横野には若き造り手が「原石」に見えた。全国ブランドとなった会津の酒の飛露喜を造る廣木がまだ無名だったころ、地元で支えた一人が横野だった。

横野は尋ねた。

「どんな酒を造りたいのか」

松崎は即答した。

「強い酒をめざしています」

「強い」というのは、アルコール度数が高い酒ではなく、常温のままでも、そう簡単には劣化しない酒という意味だ。横野が「東京に行け」と言ったのは、その言葉から、はやりの酒をめざしているのではないという信念を感じ取ったからだ。

東京には全国の酒が集まる。激しい競争にさらされるから酒造りの力は伸びる。廣木も三十代で挑んだから、いまの地位を築けた。それを見てきた横野だから、松崎が造る廣戸川が地方の酒のままで終わってほしくはないと思った。

究極の「居酒屋酒」

松崎は、なぜ「強い酒」と言ったのか。

蔵元からすれば、昔はいい酒を造るところまでが自分たちの仕事だった。その酒をどう扱うかは酒屋や飲み屋が考えることだった。

だが、時代は変わった。酒屋の棚に常温で置かれているだけだった日本酒が高級ワインのように店の大型冷蔵庫で温度管理されて陳列されるのが当たり前になった。飲み手の口に入る流通までを蔵元が考えて酒を造る時代になっていた。

「昔の酒蔵は常温でも劣化しづらいように、最初からアルコール度数を高めにして造っていた。出荷するときに大量の活性炭で濾過《ろか》して澄んだ味に変え、大量の水で薄めて出荷していた。人工的に香りづけをする機械まで、うちの蔵にはあった。米本来の自然な香りではなく、化学製品のようなにおいしかしない酒が世の中にはたくさんあった」

松崎は、そう明かす。

その松崎がめざしたのは究極の「居酒屋酒」だった。

居酒屋で飲む日本酒が自身にとって、いちばん飲み慣れた酒だったからだ。料亭のような高級店で飲む酒ではなく、多くの飲み手が気軽に杯を重ね、その日を終えるような酒を造りたかった。居酒屋で飲まれることを前提に、新しい一升瓶の栓《せん》を開けて四日目にうまさのピークを迎え、その後も数日間かけてうまさが続くように松崎は酒を造った。

開栓後は抜群にうまいのに翌日に飲むと、劣化を感じる酒は珍しくない。有名な銘柄の酒を店で注文し、口にすると「あれっ、もっとうまかったはずなのに」と首をひねったことが、松崎はたびたびあった。「昨日も飲んだけど、今日の方がもっとうまい」と飲み手に感じてもらいたかった。

ウイスキーのようなアルコール度数の高い蒸留酒は開栓後も味は変わりにくいが、そこまで度数が高くはない醸造酒である日本酒やワインは空気に触れると、酸化が進む。店で日本酒を注文するとき、開けたての一升瓶に当たることはまれだ。どれぐらい前に開栓された一升瓶なのか、客はわからない。ひどいときは何カ月も前に開けた一升瓶の酒を飲まされることもある。

客に少しでもいい状態のまま長く飲んでもらうために、うまさを感じるピークの時期を松崎は後ろにずらすことにしたのだ。

栓を開けたての酒が新鮮でいちばんうまいはずなのに、そんなことができるのか。

どうやって四日目にピークを持って来るのか。

松崎は言った。

「栓を開けてから味が穏やかに伸びるように最初からあえて、わずかに硬い酒を造っている。熟成ワインではないが、空気に触れることで少しずつ味が膨らむようにしている」

松崎は「強い酒」に仕立てることで、一升瓶を開けて一週間以内だったら劣化が進みづらいように講じていた。開栓直後をピークにすれば、開けたては抜群にうまいが、七日目には相当劣化し、がっかりされかねない。冷蔵して保管していないと、酒質が落ちる繊細な酒ではなく、どこで飲んでも味が劣化しないように、常温の保存でも大丈夫な酒に松崎はこだわった。

一杯飲んで満足するインパクトの強い酒ではなく、杯を重ねて、よさがわかってもらえるような酒にしたかった。それが松崎にとっての「個性ある酒」を意味した。

東日本大震災の後、松崎は復興支援のイベントで毎月のように東京の六本木や青山などに出向いた時期があった。県外で自分の酒を売るのは初めてだった。ただ、一日に売れても一ケース（十二本）程度だった。

「東京に行け」と言われた、会津の酒屋の横野からは二つの助言を受けた。「ほかにない酒をめざせ」。つまり、オンリーワンを。もう一つが「一人では天下は取れない」。いい酒蔵には必ず、いい蔵人がそろっていると。

廣戸川を造る松崎と一歩己を造る矢内。両方の酒を店で扱っている横野は二人の違いを、こう見る。

「簗田博明という名杜氏に学んだ矢内は常に『王道の酒』が頭にある。時間がいくらかかろうが納得できる酒にならない限り、売り物にはしない。一方、蔵の杜氏が倒れ、自分で一から始めた松崎は自分の好きなように酒を造っている。矢内が徳川家康だとすれば、松崎は織田信長だ」

二〇一四年の「ＳＡＫＥ　ＣＯＭＰＥＴＩＴＩＯＮ」で一位となり、日本酒の若き造り手として脚光を浴びた松崎だったが、じつは戸惑いも大きかった。

「あなたが造る廣戸川に以前から注目していた。ぜひ、うちと一緒に売っていきましょう」

全国の酒屋から、そんな申し出の電話が数日間で二十件近く相次いだ。

「やばい……どうしよう」

日本酒の流通は特殊だ。ビールは大手メーカー四社の製品がコンビニに並ぶし、ウイスキーやワインもデパートやスーパーに行くと品ぞろえがある。日本酒の場合、人気のある銘柄となると、その酒を扱っている特定の酒屋でないと、買うことは難しい。実力のある蔵元は自分の酒を大切に扱い、確実に売ってくれる酒屋と「特約店契約」を結ぶからだ。酒屋からの松崎への申し出は、廣戸川を扱う特約店にしてくれないかというオファーだった。

松崎は、東京市場への憧れはある一方で、持ち上げられても、すぐに落とされるのではないかという怖さもあった。揺れ動く心持ちを見透かすように、十八歳年上の福島の大先輩、飛露喜を造る廣木健司から、こう助言された。

「注目される時期が早すぎた。でも、このチャンスに乗って行くしかない」

廣木は自身の経験から、酒蔵が伸びるにはタイミングが大切だと思っていた。

ヤドカリと一緒で、大きな貝殻を選ぶことで自分の「器」も大きくできる。酒屋に「いまは無理だから準備が整う何年か後にもう一度来てください」と言ったところで、次々と新たな新星が現れる競争社会なのだから「そのとき」は、きっともうない。チャンスの前髪をつかんだら絶対に離してはいけない。

廣木は若い松崎に、そう言いたかった。

「『ＳＡＫＥ　ＣＯＭＰＥＴＩＴＩＯＮ』で一位になった酒をまずは飲ませてほしい」

各地の酒屋から、そう請われたが、そもそも出せる酒が一本もなかった。入賞できるとは、はなから思ってもいなかったため、そのときに造った五百本ほどの一升瓶は取引のある酒屋に納品したり知人に配ったりして、すべてなくなっていた。

チャンスをつかみたくても、つかむどころではなかった。

「常に一位をはっている蔵元は何万本、何十万本とクオリティーの高い酒を造り、世の中に出している。量を造れない限り、勝負の土俵には上がれない。この小さな蔵で、どうやって量を増やせばいいのか。まったく想像すらできなかった」

松崎は、そう振り返る。

相次いだ新たな注文には一つも応じられなかった。

質と量の両立という壁を乗り越えたからこそ、十四代や飛露喜のいまがある。その後を追えない非力な自分が、松崎は歯がゆかった。

第二章　福島の二つの巨星

吸水率のこだわり

福島県会津坂下町《あいづばんげまち》は会津若松市の隣の人口1万4千人ほどの町だ。高さ2千メートル級の山々が連なる飯豊《いいで》連峰を望む穀倉地帯にある。かつては福島から新潟へ続く越後街道の宿場町として栄えた。古い蔵造りの建物が並ぶ街道沿いに廣木酒造本店はある。

創業は江戸時代の後期で、酒蔵は明治の建造物だ。街道に面した蔵の入り口にはすっかり黒ずんだ横長の立ち飲み台が残る。昔は街道を行き交う人たちが馬を柱につなぎ、一杯ひっかけていたのだという。

福島県の酒で最も入手しづらい「飛露喜《ひろき》」が、ここで造られている。天皇陛下が即位された二〇一九年に、当時の安倍首相夫妻が外国の要人らを招いた晩餐会《ばんさんかい》では乾杯酒に用いられた。

一九六七年生まれの造り手、廣木健司は言う。

「酒造りは地道な作業の連続だ。それを絶え間なくこなすことでしかいい酒はできない」

こだわりの一つは原料となる酒米の扱いだ。米を洗う際、表面を傷つけないように糠《ぬか》だけを取り除くために使っているのは、水産加工会社がイクラを洗浄するときに使う特別な機械だ。気泡を米にあて、弾けるときに生じる超音波の波動で糠をはぐ。十五分弱かけて丁寧に洗う。

松崎の酒造りでも触れたが、廣木も以前は三百キロの米を一度に洗っていた。タンクに水を入れると、下側の米から水を吸い始めるため、米の吸水率は上下で十パーセントの開きがあった。吸水率は、水を吸わせた後にどれだけ重さが増えているかという数字だ。十キロずつ小分けにして洗うと、差は〇・五パーセントに収まった。

廣木酒造で酒造りが始まる九月のある日、二人の蔵人《くらびと》が洗った後の米をバケツの水に浸け、水分を吸収させる「浸漬《しんせき》」という工程に取りかかっていた。

工程ごとに担当者を固定する蔵が多い中、廣木は、それをしない。担当を順番にまわしている。作業内容の違いで蔵人たちに上下意識を持ってもらいたくないからだ。決して華やかな作業とは言えない瓶詰めは朝から晩までずっと根気がいる。でも、そこでトラブルが生じれば、酒の評判を落とし、会社存続の危機にもなりかねない。すべての工程が大事だ。

廣木がその日、蔵人たちに指示した吸水率は「三十三・三パーセント」だった。私たちがふだん食べている米の場合、吸水率は二十〜三十パーセントとされているので、それよりも水を吸わせる。水を吸うほど、その後の作業で米は溶けやすくなり、酒の味は甘くなる。逆に水を吸っていないと米は溶けず、味はすっきりする。三十三・三パーセントは廣木が計算したぎりぎりの数字だった。

その日の気温は二十度。水温は六・八〜七・二度。温度が高いと、米は水を吸う。温度が〇・五度違うだけで吸い方はかなり変わる。蔵人たちは最初に十分間、米を水に浸け、吸水具合をまず確かめた。蔵の壁に据えつけられたキッチンタイマーで時間を計る。重さを量ると、吸水率は三十一・七パーセントで足りなかった。水に浸ける時間を増やし、また計測し、それを繰り返しながら三十三・三パーセントに近づけていった。

「米の全量を秒単位で量って浸漬していた酒蔵は、昔は全国に十もなかった。丹念な作業をするだけで酒の質は格段によくなり市場で戦えた。いまは百以上の蔵が同じことに当たり前のように取り組んでいる」

廣木は、そう言った。

一粒ずつの米を見れば、米の内側と外側で吸収される水分量は違う。外側の方が水分量は多くなる。差が小さいほど、その後の作業はしやすくなり、酒質は上がるが、内側と外側を均等にするのは難しい。内側により水を吸わせようとすると、今度は外側が水を吸いすぎて軟らかくなってしまうからだ。米の外側が崩れずに形を保つ、ぎりぎりの吸水量が三十三・三パーセントだった。

廃品回収のおっちゃん

「飛露喜」が誕生したのは一九九九年だ。

官房長官時代に新元号「平成」の色紙を掲げて有名になった故小渕恵三が首相になった翌年だ。独特な名前も相まって東京市場で人気の酒となった。

町民向けに月に一度、飛露喜の発売会がある。人の行列や車の渋滞で収拾がつかなくなるため、事前に売り出し日の告知はしない。開始情報は一瞬にして町中に広がる。携帯電話で連絡を受け、田植え中に耕運機を田んぼの中に置いたまま長靴姿で店に走る農家の人もいれば、支店長だけが留守番をして従業員総出で列に並ぶ事務所もある。二時間もたたないうちに用意された本数は完売してしまう。

一九八五年に福島県立会津高校を卒業した廣木は、東京の青山学院大学経営学部に進んだ。父からは、こう言われた。

「大学へ通う四年間、うちの蔵がもつかどうかわからない。醸造学科のある農大へ行くと、つぶしが利かなくなる。一般の大学へ行け」

廣木酒造は当時、社員が両親二人だけという零細企業だった。造った酒の八割は瓶詰めせずに、大手メーカーに買ってもらう「桶《おけ》売り」をしていた。木桶で酒を造っていた時代の名残の言葉で、実際には造った酒を大手メーカーにタンクローリーで運んだ。

日本酒が大量に飲まれていたころ、自前の製造量では足りない大手メーカーは、地方の蔵から酒をかき集めた。そのまま自社銘柄として売ったり、自社の酒に混ぜたりした。地方の酒蔵からしても「下請け」でいる限り、造った酒が売れ残ることはなく、大手から技術指導も受けられる利点があった。酒は出荷段階で課税される仕組みなので、零細な酒蔵からすれば、桶売りする酒には税金もかからずに済んだ。

大学を卒業した廣木はウイスキー会社のキリン・シーグラム（現・キリンディスティラリー）に就職してスコッチウイスキーをバーや居酒屋に売ってまわった。「この会社で一生働いてもいいかな」と思っていた入社三年目、母の浩江《ひろえ》から電話がかかってきた。

「お父さんが酒のケースを運ぶのも大変になってきた。戻る気はあるの？　ないのなら蔵を今後どうするか、こっちで考えるから」

蔵元の長男に生まれたのだから「運命」に身を任せよう。蔵の経営が立ちゆかなくなれば、また会社勤めに戻ればいい。

バブル経済は崩壊していたが、就職事情は悪くはなかった。二十五歳だった廣木は、そう考え、実家に戻ることを決心した。現在の天皇、皇后両陛下が結婚し「雅子さまフィーバー」に沸いた一九九三年のことだった。

蔵での仕事の大半は一升瓶のラベル貼りと酒の配達だった。蔵で造るすべての酒を「桶売り」していたわけではなく「泉川《いずみかわ》」という名前の酒を売っていた。一升瓶一本が六百〜七百円の「三増《さんぞう》酒《しゅ》」だった。

『夏子の酒』という名作漫画がある。地方の蔵元の娘「夏子」が理想の酒造りをめざす物語で、週刊漫画雑誌「モーニング」に一九八〇年代後半から掲載された。和久井映見や中井貴一らが出演したテレビドラマにもなった。

『夏子の酒』では、地元で三増酒を大量に造る蔵元に夏子が「三増はお酒のまがいものだと思ってます」と食ってかかる場面がある。

「三増酒」とは、原酒に醸造アルコールを加えて増量するだけでなく、さらに水あめやブドウ糖などで味を調えた酒を指す。醸造アルコールは、蒸留してアルコール度数を高めた食用アルコールのことだ。おもにサトウキビが原料で「甲類焼酎」として流通したり、チューハイの原料になったりもしている。

加藤辨三郎編『日本の酒の歴史―酒造りの歩みと研究―』によると、米一・五トンから二・七キロリットルの日本酒が造られるが、そこに三十パーセントの「調味アルコール」三・六キロリットルを添加すると、アルコール分二十パーセントの日本酒が八・一キロリットルできあがる。米だけで造った日本酒のちょうど三倍の量に当たることから「三倍増醸酒」、略して「三増」の名前になったという。

三増酒が生まれたきっかけは太平洋戦争だ。酒造りにまわす米が減る中で、日本酒を造り続けるための「知恵」が人工的なアルコール添加だった。

鳥取県工業試験場（現・鳥取県産業技術センター）に勤務し、退職後も技術指導に当たった上原浩の著書『いざ、純米酒　一人一芸の技と心』に、アルコール添加が始まった経緯が詳しい。満州に進出していた関東軍から「零下二十度以下の厳寒の土地なので北方に酒を送ると、凍ってしまって瓶が割れる」と要請を受けた帝国陸軍が、これでは戦意高揚にならないと、凍らない酒造りをメーカーに依頼した。その解決がアルコール添加だった。アルコール度数が二十数パーセントの酒を造ったが、辛くて飲めないため、ブドウ糖や酸を入れて味を調整したという。

『日本の酒の歴史』によると、添加試験を成功させたのは旧満州（現在の中国東北部）の酒造場で、昭和十七酒造年度には全国五十五の日本酒製造場で試験醸造が実施され、各酒蔵に広がった。終戦後も、米不足が追い打ちをかけ、三増酒は普及していった。味を調えるため、水あめやブドウ糖、コハク酸、グルタミン酸ソーダなどを添加して造る酒が開発された。国によって全国一律の配合基準まで作られた。そうした「増醸酒」が日本酒全体の中で占める割合は昭和二十六酒造年度に二十四パーセントだったのが、二年後には五十四パーセントまで伸びた。

二〇〇六年に酒税法が改正され、日本酒に添加できる醸造アルコールなどの「副原料」の割合が、原料の白米の重さの五十パーセント以下までと制限された。これにより、日本酒の分類から「三増酒」は消えた。だが、逆に言えば、一升瓶の半分程度までの量を醸造アルコールでカサ増しでき、「三増酒」はなくなっても「二増酒」は日本酒の普通酒として残った。

『夏子の酒』では三増酒を造る蔵元が夏子に、こう言い放つシーンがある。

「夏ちゃん……そのまがいものが純米酒より5倍も売れとるんだよ」

「吟醸や純米も確かに大衆の酒となりつつある」「しかし、三増はそれ以上に大衆の支持を得ている」

『夏子の酒』の作者、尾瀬あきらは言う。

「みんな貧しかった戦後に苦肉の策で生まれたのが三増酒だった。安かろう悪かろうの酒だった。だが、高度成長期になっても三増酒は日本酒の主流であり続けた。大手メーカーはもうかるので大量に売り続け、消費者もまた安さを選んだ。質よりも経済優先がすべてにまかり通った」

廣木が実家に戻ったころは、まだ、そういう時代だった。

廣木が三増酒を持って酒屋に商談に行くと、いつも足元を見られた。「どれだけ安くなるのか」と値引きを迫られ、買いたたかれた。

蔵の経営は厳しく、酒を届けるのも、運送会社に頼むと赤字になるため、一升瓶が入ったケースを自分でトラックに積んで運転した。朝の五時に出発し、横浜や仙台、水戸、新潟と各地に向かった。走行距離は一年間で2万キロに達した。

年に二回、地元の小学生が地域をまわり、空き瓶などを回収する学校行事があった。校庭に集められたリサイクル品から、廣木は一升瓶を探した。業者から買えば、一本三十〜四十円かかるが、廃品なら十円で済んだ。児童の中に、中学のときの同級生の子がいた。その子と顔を合わせるのが嫌だったが、背に腹はかえられない。いつも訪れる廣木は子どもたちから「廃品回収のおっちゃん」と呼ばれた。

世の中ですでに「吟醸酒」が脚光を浴びていた。廣木は「自分も吟醸酒を造りたい」と父に申し出たことがあった。だが、一蹴された。

「販路もないのに、どこに売るんだ。うちみたいな小さな蔵が市場で勝負しても勝てるはずがない」

キリン・シーグラムのときの同期たちは責任を持たされる仕事につき始め、うらやましかった。酒蔵の仕事にやりがいを感じられず、転職したときに役に立つだろうと、廣木は税理士の資格を取るための勉強を始めた。

NHKの番組が記録

一九九八年二月八日は、札幌オリンピック以来、国内で二十六年ぶりの五輪開催となった長野オリンピックの開会式の翌日だった。その日放映されたNHKの紀行番組「新日本探訪」が廣木酒造を取り上げた。十八年続いた長寿番組「新日本紀行」の流れをくむ番組だ。前の年に五十八歳だった父を亡くし、三十歳の廣木が初めて取り組む酒造りを追った。

廣木が東京から実家に戻り、五年がすぎていた。

ＮＨＫ福島放送局から話が持ち込まれたとき、廣木は「蔵の惨めな状態を流されるのは格好悪い」と気が進まず、断ろうと思った。父が亡くなった後、母の浩江から蔵の決算書を見せてもらった。赤字が五年続いていた。杜氏《とうじ》を賄《まかな》う費用も出せなくなり、ベテラン杜氏には辞めてもらった。一年間に三百万円が浮いたが、それでも赤字だった。

廃業も考えた。大きな借金はなく、在庫の酒を売り切って幕引きすれば、取引先にも迷惑はかからないだろうと思った。

でも、一度でいいから、いい酒を造ってみたい。

気が晴れないでいる息子を見かねた浩江が声をかけた。

「あなたが自分の酒で勝負したいなら、やればいい。いつか、そういうときが来るかもしれないと思い、少しだけ蓄えてきたから」

一歳になる長男がいた。大きくなったとき、酒蔵は残っていないだろう。だったらオヤジが昔、酒を造っていた記録を映像で残しておくのもいい。

廣木は、そう考え、「取材を受けよう」と思い直した。

番組を作ったのはＮＨＫ福島放送局の入局四年目の若いディレクターだった。

「東京の視点ではなく、地方の目線で『福島ならでは』のテーマを探していた。福島だったら何だろうと考え、郷愁を誘う『会津』がまず思い浮かんだ。『会津だったら酒処《さけどころ》』という発想から取材を始めた。前の年に先代を亡くし、跡を継いだ若い蔵元が挑戦する。そのエピソードに直感めいたものを感じた」

二十七歳だったディレクターの漆間《うるま》郁夫は、そう振り返る。

番組には廣木の蔵で二十九年働くベテランの蔵人が満面の笑みで、こう話す場面がある。

「若社長は両方（経営と造り）をやらなければならないから、できるのかなと、最初思っていた。『一緒にやってくれないか』という言葉が出てきたので、それじゃあ、みんなで力を合わせてやってみっかと」

漆間は蔵にカメラを持ち込む前に「酒造りの工程をひと通り体験したい」と廣木に頼み、蔵に入った。そこで感じた「廣木と蔵人たちの一体感」を、この場面ににじませた。

蔵の廃業を蔵人たちも心配していたのだ。

福島県では廣木酒造のように小さな酒蔵が大半だった。廃業に追い込まれる蔵は珍しくなかった。

地元の会津坂下町もかつて二十軒の酒蔵があったが、いまは三軒しかない。

番組には廣木が会津若松市の居酒屋をまわって「メニューに（自分の酒を）載せてくれませんか」と店主に頭を下げる場面がある。

「だめだったら、降ろすよ」

店主の対応はつれなかった。

東京からの一本の電話

ＮＨＫの番組が「飛露喜」の誕生につながった。

番組を見ていた東京の老舗酒屋の店主が廣木に電話をかけ、廣木が自分の酒を送ったことで知名度が広まったと、酒業界の中では伝説のように言われている。

「それは違う」

東京都多摩市にある老舗酒屋、小山商店の三代目、小山喜八は言った。

番組を見たのは小山ではなく、東京から北海道に移り住んで飲食店を始めた昔のなじみ客だった。

「かわいそうな蔵が会津にある。その蔵の酒を買ったから、そっちに送る。店で扱ってやってよ」

小山のもとに電話がかかってきた。届いた酒を飲んでみると、とても客には出せないと思った。

廣木酒造と同じ会津にある末廣《すえひろ》酒造の社長で、福島県酒造組合の会長も務めた新城《しんじょう》猪之吉《いのきち》は廣木が最初に造った酒を覚えている。

「杜氏が辞め、残っていた蔵人は釜たきのおやじだけ。米のふかし方しか知らない蔵人とよく造ったなと思った。まずい酒がいくらでも横行していたので特別にまずいとは思わなかったが、いまの時代だったら飲めた酒じゃない」

福島県ハイテクプラザの前身の会津若松工業試験場の研究員たちに教わりながら造ったというのが実情だった。

東京には地酒を扱う老舗の酒屋がある。亀戸《かめいど》の「はせがわ酒店」、四谷の「鈴傳《すずでん》」、足立の「かき沼」、千駄木の「伊勢五本店《いせご》」、中野の「味ノマチダヤ」などが有名で、小山商店も、その一つだった。小山商店の創業は大正時代で、関東大震災で被災する前は日本橋に店があった。

小山が店を継いだとき、新潟県の地酒が人気を博していた。新潟の有名な酒蔵に三年も四年も通い、酒を仕入れた。だが、ようやく「百本だけ卸してやろう」と入手できるようになっても、先を行く酒屋は百本どころではなく千本も扱っていた。

新しい酒を発掘して育てていかなければ、店は立ちゆかない。

小山は、そう思い始めていた。若い蔵元がいれば、すぐに声をかけた。だから、廣木にも「うちに一度、来たらいい」と電話をした。二本の一升瓶を抱え、廣木は会津から五時間かけてやって来た。持ってきたのは、新潟の酒をまねた「淡麗辛口」のタイプだった。

小山は飲んだ後、廣木に言った。

「味が薄っぺらい。こんな酒じゃあ、地元の福島でも勝負できないよ。もっと『自分らしさ』を酒に表現しないと。どんな酒にも挑めるんだから」

廣木は、小山の酷評が当然だと思った。

老練な新潟の杜氏を相手に、経験の乏しい自分が同じ土俵で戦えるはずがない。

「自分らしい酒」とは何だろう。

廣木は会津に戻り、毎日のように考えた。

ある日、「これだ」とひらめく酒があった。それは搾りたての酒だった。

発酵させた醪《もろみ》を搾って酒はできる。通常は、それをタンクに保管する前と一升瓶に詰めて出荷する前に「火入れ」という低温加熱処理をしている。ワインと違い、日本酒に防腐剤が入っていなくても流通できるのは、火入れで雑菌の繁殖を抑えているからだ。酒を六十〜七十度に加熱して発酵を完全にとめた後、急速に十度程度まで冷やすという工程だ。

搾りたての酒は新鮮なので抜群にうまい。だが、そのころはまだ、飲み屋で一升瓶は常温のまま置かれるのが当たり前だったため、火入れした酒を流通させるのが常識だった。出荷量が桁違いの大手メーカーからすれば、火入れをしない酒を商品にすることなどあり得なかった。大手が手を出せない「禁じ手」に廣木は踏み切った。わずかな製造量しかなかったため、管理することが可能だった。

「もう後がない背水の陣だった」

廣木は、そう振り返る。

一年後の一九九九年。搾りたての酒を詰めた一升瓶が小山商店に送られた。

小山は口にすると、廣木のもとにすぐに電話をかけた。

「やったね、廣木さん。この味を待っていたんだ」

「飛露喜」の誕生

廣木が小山に送った酒は「泉川」という、蔵で以前から造っていた銘柄だった。

小山商店の常連客たちが催す「多摩独酌会」という利き酒会があった。銘柄を隠して飲み、参加者が人気投票する。小山が泉川を出すと、いきなり上位に入った。

口コミですぐに評判は広がった。廣木のもとには酒の関係者から「酒は名前が肝心。売れる名前をつけてあげますよ」という申し出が舞い込んだ。泉川は安酒のイメージが強かったので、廣木も新たな出発のために別の名前を探していた。

「廣木」と同じ読み方の「飛露喜」の名前を提案してきたのは、酒類関係の本を出版する会社の社長だった。酒をイメージする「露」が「飛」翔する「喜」び、という意味が込められていた。

「三十本ぐらいから、やってみないか」

小山から、そう提案された。

一升瓶に貼るラベルを印刷会社に三十枚だけ注文するのは気が引けたため、達筆な母の浩江が墨で一枚一枚、「飛露喜」と書いた。

「三十本以上、売れるかどうかもわからなかったし、印刷する金も惜しかった」

廣木は、そう振り返る。

狂いがない文字だったため、書いたものをコピーして貼りつけたのだろうと、小山は思っていた。「飛露喜」は売れた。小山は廣木酒造に追加注文を繰り返した。電話を受けるのはいつも浩江だった。

ある日、電話越しに言われた。

「手が疲れて腱鞘炎《けんしょうえん》になってしまって。私、もう限界です」

手書きだったのか。小山は初めて気づいた。

搾ったままの原酒を火入れせずに瓶詰めする酒は、日本酒の一つのジャンルとして定着し「無濾《むろ》過生原酒《かなまげんしゅ》」と呼ばれる。いまは冷蔵したまま流通させることができるので多くの蔵元が手がけている。だが、当時は、そうではなかった。加熱していないため、時間がたつと味は落ちやすい。冬の間は安心して出荷できるが、気温の高い夏になると、廣木も気がかりだった。

廣木酒造には、酒を保管する大型の冷蔵設備がなかった。

それでも小山は迫ってきた。

「とにかく無濾過生原酒を造り続けてください」

廣木に火入れした酒を造らせても、有名銘柄の味と太刀打ちはできないと、小山は思っていた。

一升瓶に詰めた酒はすぐに出荷されたので、蔵で冷蔵保存する必要もなかった。三十本どころか、その年に造った2千本近くの酒が瞬く間になくなった。

翌二〇〇〇年。飛露喜は食の月刊誌「ｄａｎｃｙｕ」の日本酒特集に取り上げられた。それまでは融資を受けられなかった金融機関が応じてくれ、さっそく冷蔵貯蔵庫を作った。

小山は浩江からの電話で、こう伝えられた。

「一升瓶を冷蔵施設に入れてもすぐに売れてしまうので、せっかく貯蔵庫を作ったのにいつも空っぽなのよ」

店主の魔法の一筆

佐藤広隆《ひろたか》は郡山市にある酒屋、泉屋《いずみや》の二代目だ。郡山市は福島県で最大の商業都市である。郡山駅から三キロほど離れ、花見の時期には桜が見事な開成山《かいせいざん》公園という名所のそばに泉屋はある。客が十人も入れば、窮屈になる小さな店だ。

一九八八年に地元の高校を卒業後、仙台市にあった予備校の代々木ゼミナールに通いながら一浪し、青山学院大学経済学部に進んだ。

店を営む父、隆三《りゅうぞう》から「上野まで出てこないか」と誘われたのは大学二年のときだ。佐藤は青学でミスコンなどを催す広告研究会に入り、卒業後は広告会社かテレビ局に就職したいと思っていた。子どものころから「酒屋の息子」と言われるのが嫌で、華やかな世界に憧れていた。

隆三に連れて行かれたのは各地の有名蔵元らが集う利き酒会だった。飲んで衝撃を受けた酒があった。長野県諏訪《すわ》市の酒蔵、真澄《ますみ》の最高峰に位置づけられる「夢殿《ゆめどの》」という酒だった。酒屋の息子でありながら日本酒には「悪酔いし、二日酔いになる」という最悪の印象しか持っていなかった。「夢殿」を飲み、味わい深さに「世の中にはこんなうまい酒があるのか」と驚いた。

利き酒会の出席者に隆三は「息子にいいアルバイト先はありませんか」と尋ね、四谷にある老舗の酒屋、鈴傳を紹介された。大学と場所が近いので、店で働き始めた。

新潟県の酒が全盛期で、鈴傳の社長、故磯野元昭は一世を風靡《ふうび》していた長岡市の酒「久保田」を扱う酒屋組織「全国久保田会」の会長だった。

佐藤は、こう振り返る。

「父からすれば、スーパースターのような酒屋に息子を行かせたようなもの。これはバイトなんかじゃなく修業だと思った。すぐ辞めようものなら、泉屋の名前を汚してしまう。絶対に辞められないなと緊張した」

鈴傳で働いている間、磯野は自分からは何も教えてくれなかった。それどころか、昼に店には出て来るが、新聞を持って近くの喫茶店に行き、夕方になると、そのまま飲みに出かけてしまう。ところが、店の棚に並ぶ酒に磯野が言葉を書き添えると、その酒は魔法のように売れていった。買った客が次に来店すると「おいしかったよ」と必ず感謝された。どんな魔法をかけたのか、いつも不思議だった。

店には頻繁に各地の蔵元が自分の酒を売り込みに来た。磯野は誰に対しても「がんばっているな」とほめ、悪口を言うことはなかった。相手が大手メーカーであれ小さな蔵であれ、わけ隔てなく接していた。

ある日、接客の仕方を磯野に尋ねると、こう教えてくれた。

「佐藤君。酒屋はスーツの仕立屋のような接客をしなければだめだ。人はみんな同じではない。味の好みも違えば、懐具合も違う。自分で飲む酒なのか、ご進物《しんもつ》の酒なのか。お客を観察し、話を聞き出し、それにあった酒をすすめる。仕立屋と一緒なんだよ」

佐藤は客が店に入ると、服装や持ち物を、さりげなく観察するようにした。話題を探し、どんな酒を求めているのだろうかと、客の言葉から頭をめぐらせた。

あるとき、気づいた。客にいい酒をすすめることはもちろんだが、それ以上に、満足して帰ってもらうことが大事なんだと。磯野は魔法でも何でもなく、その当たり前のことをしていただけだと気づいた。自分がすすめた酒を買ってくれた客が「また来たよ」と声をかけてくれたことがあった。涙が出そうになるほど、うれしかった。佐藤にとって「一生忘れることのない日」になった。

鈴傳での仕事はきつかったが、酒を売る楽しさにのめり込んでいった。

「父は日本酒を極めようとしたから、俺はワインでいこう」

仕事の空き時間にソムリエスクールに通った。

大学を卒業しても鈴傳で、そのまま働かせてもらった。毎日が刺激的だった。店には同じように修業に来ていた先輩たちがいた。店に並ぶ全国の銘酒の味を学ぼうと、佐藤は仕事が終わると先輩たちと店の酒を買い、湯飲み茶わんで飲んだ。鈴傳は宮内庁御用達の店で、佐藤は皇居への配達も経験した。

「十四代」髙木との出会い

鈴傳は立ち飲み屋も営んでいた。常連客の中に、いつも酔っ払っている写真家がいた。名智《なち》健二（故人）といった。佐藤はある日、彼に言われた。

「お前と同い年のやつがクイーンズにいて山形に戻って酒を造る。俺は一年間、やつを追っかけて撮る。お前も同じ東北の酒屋なんだから彼の酒を頼むぞ」

その後、「十四代」を世に出す髙木顕統《あきつな》だった。

髙木は親元を離れ、高校は東京にある東京農大一高に入り、大学は東京農大の醸造学科を卒業した。新卒で新宿にあるスーパーマーケット「クイーンズ伊勢丹」に勤め始めた。髙木は上司と鈴傳を訪れたことがあったが、佐藤と顔を合わせたことはなかった。

髙木は実家の酒蔵の杜氏の引退に伴い、父に請われて一九九三年に山形県村山市に帰った。同じ年、佐藤の父、隆三が脳内出血で倒れた。店を休めば、取引先の飲食店に迷惑が及ぶことは鈴傳に勤めていた経験ですぐにわかった。実家に戻らせてもらい、翌日には隆三の代わりに店に立った。隆三は回復したものの、佐藤は父の健康を気遣い、東京での暮らしを終わらせて郡山に帰った。

髙木と佐藤は、ともに二十四歳。「一歩己《いぶき》」を造る矢内賢征《やないけんせい》に至っては小学校に入学した年で、「廣戸川」の松崎祐行も小学三年生と、まだ酒を口に含んだこともないころの話だ。

翌一九九四年は日本の政治史に残る年になった。当時の社会党の村山富市委員長が首相に任命され、自民党などとの連立政権が発足した。

そのひと月前の五月。山形県天童市にある出羽桜酒造で働く鈴傳時代の先輩から、佐藤のもとに電話があった。鈴傳で働いている後輩が新潟の実家に戻ることになったという。

「その前に東北をまわりたいというので一杯やらないか」

天童温泉に集まり、男三人で鈴傳の思い出話に花を咲かせた。ほどよく酔いがまわってきたころ、その後輩が言った。

「東京農大の同期で、近くで酒を造っている友人がいる。ここに呼んでいいですか」

宿から電話し、やって来たのが髙木だった。

写真家の名智が言っていたのは、この男か。

高木は自分が造ったという酒を持参して振る舞った。飲んでみると、佐藤は衝撃を受けた。口の中で、いろんな香りや味が次々と弾けた。鈴傳で、おおかたの銘酒は飲んだつもりでいたが、そんな酒はなかった。自分と同い年なのに、こんなうまい酒を造れるものなのか。やせ細った髙木の体を見ながら、信じられない思いだった。

山形から戻ると、父の隆三に「すごい酒がある」と伝え、取引をすすめた。

「お前がやりたいのなら、やればいい」

隆三は、そう言ってくれた。

泉屋の初代店主の隆三はもともと地元の酒蔵で営業の仕事をしていた。泉屋は一九六三年に始めた。県内の酒を店で扱えば、それまでの取引先だった酒屋から客を奪って迷惑をかけてしまうと、扱うのは県外の酒が中心だった。新潟の酒「越乃寒梅《こしのかんばい》」と取引ができるようになるまで十年間も通い詰めたという逸話まである。七十三歳で亡くなるまで一代で県外の蔵元たちにも名前を知られる店を築いた。

そのころ、泉屋の客のほとんどは新潟の酒を買い求めに来ていた。どの酒を買おうかと迷っている客がいると、佐藤はすかさず「同期生が造ったんですよ」と自分が仕入れた酒である十四代をすすめた。買ってくれた客は必ず、また十四代を買いに来てくれた。

「やつを追っかける」と佐藤に言った写真家の名智が撮った「ある酒蔵の物語」が新潮社の月刊誌「SINRA」(休刊)に掲載されたのは一九九四年九月だ。

髙木の一年目の酒造りを名智は季節ごとに追った。

「米と水をぜいたくに使い、人が微生物の力を借りて醸《かも》すもの――日本酒」

そんな書き出しで始まる二十三ページにもわたる記事には、名智が撮った五十枚以上の写真が載った。髙木が父と晩酌をする写真には、こんな親子の会話が記された。

「顕統はどんな酒が造りたいんだ」

「俺は含み香のあるボディのしっかりした酒を造りたい」

「よし、好きに造れ」

初めて搾った吟醸酒がガラスの斗瓶《とびん》にたまる光景を前にする髙木の写真がある。白い長靴と白衣姿で無精ひげが伸びたままの髙木は白い帽子を右手で取り、酒に向かって頭を下げている。

「吟醸酒」は、戦前には多くの酒蔵が造っていた。「吟醸」は「吟味して醸造した酒」を意味する。雑味を減らす酒に仕上げるため、玄米を足踏み式の碓《からうす》で精白した時代をへて水車を使った精米が始まり、電気の普及後は精米機が発明された。吟醸酒造りは、そうして各地に広がった。

『夏子の酒』を描いた尾瀬は言う。

「日本酒の進化を途切れさせたのが太平洋戦争だった。戦前には『吟醸戦争』という言葉まであったほど、酒蔵は酒質を競った。『日本酒は海外に打って出るべきだ』という論調まであった。にもかかわらず、醸造アルコールを添加した酒が日本酒の主流になり、戦後もそれが加速し、吟醸酒は『幻の酒』となってしまった」

長すぎた空白の期間をへて「吟醸酒」造りの時代が再び、ようやく大きな流れになった。

「十四代」は「ＳＩＮＲＡ」の記事をきっかけに一躍有名になった。

天童温泉に鈴傳の仲間で集まった次の年、佐藤は髙木の二年目の酒造りを手伝った。同い年という以上に二人は馬が合った。髙木の実家で寝起きをともにした。

髙木家の食卓には新鮮な魚の刺し身が毎日並んだ。「こんな山奥の場所なのに」と佐藤は驚いた。髙木の祖父が食通で刺し身は欠かさなかった。子どものころから、こういう食事で培われた味覚があったから、あの酒につながったのかと、佐藤は思った。

髙木が、山形県議会議員も務める父から呼び戻されたとき、クイーンズ伊勢丹に入って二年目だった。酒部門の担当を任されていた。いずれは蔵を継ぐつもりでいたが、まだ先のことだと思っていた。

父から「酒造りをお前に任せる」と突然言われ、髙木は戸惑った。蔵を継ぐというのは経営を継ぐことであり、自分で酒を造るとは考えてもいなかった。東京農大の醸造学科で学んだおかげで実際の酒造りの大変さはわかっていた。

「もがき、苦しみの毎日だった」

髙木は一年目の酒造りのことを、こう話す。

失敗は許されないという精神的なつらさがきつかった。重圧で体重は半年で十キロ以上も減った。酒造りを終えると、高熱で倒れて一週間、入院した。

髙木が自分で造った酒を最初に持ち込んだ東京の酒屋が鈴傳だった。店主の磯野は名もない造り手の酒を店に置いてくれた。髙木にとって大きな自信になった。

二年目の酒造りからは佐藤がずっと寄り添った。陽気な性格の佐藤は髙木が憔悴《しょうすい》していると見ると、冗談を飛ばし、気持ちをほぐした。

「気兼ねなく相談できる相手が近くにいるというのは、こんなにも気持ちが楽になるのかと思った。心を晴れやかにして酒造りに取り組めた」

髙木は、そう振り返る。

造り手の孤独は、まだ若い佐藤にもわかっていた。

名声を得た髙木は毎年、その年の新酒を出荷すると、佐藤に「ちゃんと売れているだろうか」と電話で確かめる。どんなに名声を築いても自分の酒に安心しきることはないのだろうと、佐藤はつくづく思う。

定番酒「本丸」の完成

髙木は酒の価格や売り方も佐藤に相談した。あるとき、髙木が言った。

「季節商品だけでなく、ちゃんとした定番酒を造りたい」

クイーンズ伊勢丹で酒売り場を担当した経験から、固定客をつかむには客が一年中、手にすることができる定番酒が必要だと、髙木は考えていた。

二人の関係をそこまで結びつけたのは佐藤の父、隆三の存在が大きい。

時代ごとにどんな酒がはやり、大衆の中で日本酒が、どう飲まれてきたのか。

そうした日本酒の歴史を肌で知ってこそ、新しい酒を生み出せるのではないか。

高木は常々、そう思っていた。

高木は酒造りを終えると、自身が結婚する一九九九年まで毎年、郡山市にある佐藤の家に泊まりがけで訪れた。先達である隆三が経験してきた話をとことん聞いた。

一九九五年。高木は佐藤とともに待望の定番酒を完成させた。あえて値が張る「吟醸酒」にはせず、吟醸酒ほど酒米を削らずに手が届きやすい値段の「特別本醸造酒」にした。一升瓶で2千円以下（当時）という値段に抑えた。経験から、その価格帯でいい酒を出せば、必ず世の中に受け入れられると、高木は確信していた。

あとは名前だ。

高木は泉屋を訪れ、自分で考えた名前の候補を佐藤と隆三の親子に提案すると、そろって反対された。

「その名前じゃ売れない。ニックネームで呼ばれるようにならないと。『十四代』を超える名前でないと、人の印象には残らない」

そして、高木と佐藤は一つの名前にたどり着く。

「本丸」だ。

城の中心である本丸御殿であり、物事の核心という意味にもなる。

「本丸」は十四代の代表銘柄となった。

高木が新商品を出すとき、いまも真っ先に相談する相手は佐藤だ。

「彼から『ＯＫ』という言葉を聞きたい」

髙木は、そう言う。

酒屋からすれば、売れ筋の十四代を一本でも多く仕入れたい。蔵元の機嫌を損ねることなど、決して言わない。でも、佐藤は酒質について妥協せず、直言してくる。

髙木にとって、そんな存在はほかにいない。

酒屋は「画商」

昔は酒屋にとって商品である酒を造る蔵元は雲の上のような存在だった。

父の時代は蔵元と酒屋が一緒に仲よく酒を飲むなんてことは考えられなかったと、佐藤は言う。だが、佐藤と髙木は二人でタッグを組み、ともに成長し続ける存在になれた。「蔵元と酒屋がパートナーとして酒を造って売る」というモデルを築いた。

酒屋の仕事を「画商のようなもの」だと、佐藤は思っている。

商売に徹して酒を造る蔵元もあれば、芸術家のように、とことん質を追い求める蔵元もある。アーティストである造り手がいる限り、その作品を預かって世に広める役まわりが酒屋である自分の仕事だと思う。

「『この人は華やかな色づかいが得意』『この人は繊細さが魅力』と、画風の特徴のように酒の違いを客に伝える。いまは発展途上だけど、将来有望な酒を発掘して『この酒を追い続けると、将来きっと楽しいですよ』と客に伝えることができれば、酒屋にとって、それ以上の喜びはない」

佐藤は、そう話す。

泉屋の従業員には「酒屋で働いている」と言わせたくない。「泉屋で働いている」と言わせたい。よりどころにしているのは客の満足度だ。

若いとき、おごった部分があった。

「貴重な酒を手に入れるコレクターの気分でいた。店で扱うために時間をかけ、苦労して蔵元から取ってきたのだから、よさがわかる客にだけ売ればいいと、勘違いしていた」

佐藤は、そう続けた。

たしなめたのは妻の啓江《けいこう》だ。二十六歳のとき、四歳年上の佐藤と結婚した。店にかかって来る電話への夫の対応に驚いた。

「この酒はありますか」

「ありません」

「いつ入りますか」

「わかりません」

デパートで働いた経験がある啓江からすれば、目を覆いたくなる客対応だった。夫に言った。

「電話はすべて私が出ますから」

店にはいま、十人近い若手従業員が働く。どの店員も店で扱っていない銘柄の酒が、ほかのどの酒屋で買えるか頭に入っている。客に尋ねられたとき、すぐに答えられるようにするためだ。

「お客様に満足してもらうことを常に優先してほしい」

啓江から、そう教え込まれた。

ある日、知り合いの飲食業者に連れられ、若い造り手がやってきた。

「初めての酒を仕込むので、それをぜひ売っていきたいと思っています」

若者は、そう言ってズボンの右ポケットから名刺を取り出し、店主の佐藤に片手で差し出した。名刺入れを持っていないため、名刺はくしゃくしゃだった。

そばにいた啓江は思わず声を上げた。

「こんなんじゃ、誰にも紹介できないわよ」

福島県の日本酒は全国新酒鑑評会で高い評価が続き、県全体で勢いづいていた。全国から注目されているときに、不快感を与えて評判に水を差すような造り手がいたら全体の信頼が揺らぎかねない。

啓江が若者を強く叱ったのは、それを心配したからだ。

若者は「ＳＡＫＥ　ＣＯＭＰＥＴＩＴＩＯＮ」で一位になる前の当時二十五歳の松崎祐行だった。大学を卒業後、実家の酒蔵にそのまま戻ったため、社会でもまれた経験はない。礼儀作法を知らなかった。飾り気のない「田舎の木訥《ぼくとつ》な青年」と表現すれば、聞こえはいいが、話下手で、ぼそぼそとしゃべるので話も聞きづらかった。

パリの靴屋の接客

佐藤は父の隆三から、こう教えられたことがある。

「酒にまずいものはない。あるのは好みだけだ。どの酒もいい酒だ」

泉屋の従業員の給料日は月末だ。従業員一人ひとりに書いた手紙を読んで渡すことを恒例にしている。佐藤が初めて従業員を雇った二〇〇二年から毎月、続けている。

その日は店の二階の小部屋で入店十カ月目の三十歳の男性社員、佐藤広幸と向きあった。毎年酒蔵見学の従業員研修をしている。その年は青森県の「田酒《でんしゅ》」、宮城県の「乾坤一《けんこんいち》」、岩手県の「南部美人」の三蔵をまわった。「自分の成長ぶり」を聞かれた佐藤広幸は、その研修のことを挙げた。

「どんな思いで酒が造られているか、本当に勉強になった」

それを受け、佐藤が用意していた手紙を読んだ。

「今月、お疲れ様でした。我々は『売る』プロであると同時に多くの方々に和酒の素晴らしさを伝える『伝道師』。震災のときに書き留めた言葉を思い出しました。心を癒やし、家族や仲間との絆を強める。酒本来の姿だと気づきました。人が生きるために酒は無用かもしれない。しかし、もう一歩踏み出すために、うまい酒は力になる。佐藤君へ。人に伝えるために努力をしなさい。自分自身のファン作りに汗しなさい。毎日が勝負」

佐藤は、自分が修業した鈴傳の店主、磯野から教わった「プロの接客」を泉屋の社員にも求める。

磯野とは違い、客に特定の一本をすすめることを佐藤はしない。好みをまず聞いたうえで「それだったら、この酒です」と、おすすめの酒を二本か三本挙げる。そして、客自身に選んでもらう。泉屋流の接客だ。

客がどの酒を選んでも佐藤が必ず言う決まり文句がある。

「いい酒を選びましたね」

客によってはどれか一本を店にすすめてほしいと思うかもしれない。隆三もそうしていた。「これ、持っていきな」と。

店に置いているのは全部が愛情を持って仕入れた酒だ。一本だけ、選ぶことなどできない。以前、仕事でパリを訪れたとき、靴屋に入った。店員はおすすめの靴を三つ、目の前に並べた。「どれもいい靴です」。佐藤が一つを選ぶと、その店員は言った。

「最高の選択です。お客様は見る目がありますね」

佐藤は靴が入った紙袋を持って店を出た後、スキップしたいほど得意げな気分になった。自身で選ぶからこそ、味わえる優越感だと気づいた。

同じ思いを自分の店の客にも味わってもらいたかった。

「無濾過生でない定番酒を」

佐藤が実家に戻って七年目の一九九九年。三十歳のときだ。

隆三から言われた。

「お前と同じ大学のやつがいたぞ」

その日、隆三は福島県内であった日本酒の審査会に出た。終わった後の宴席でそばに座ったのが、喜多方市にある夢心《ゆめごころ》酒造の東海林伸夫《しょうじ》だった。会津若松市の北隣にあり、喜多方ラーメンで有名な地域だ。東海林は東京から実家の酒蔵に戻り、前年の一九九八年に「奈良萬《ならまん》」という銘柄を立ち上げたばかりだった。隆三は、この青年が息子と同じ大学なだけではなく、年齢も同じことを知る。

「一度、店に来なさい」

隆三は東海林に声をかけた。

東海林は日を置かず、すぐに泉屋を訪ねた。

佐藤は、会ったばかりの東海林と意気投合。「同じ青学の二年先輩の蔵元が会津坂下町にいる。三人で集まりませんか」と東海林に誘われた。

青学の先輩は、飛露喜を造る廣木だった。

佐藤は、以前に見たNHKの番組のことを思い出した。十四代の酒造りを手伝うため、山形県村山市にある髙木の実家に寝泊まりしていたとき、テレビを見ていた髙木が言った。

「福島だぞ、この蔵」

廣木の最初の酒造りを取り上げた「新日本探訪」で、髙木と佐藤はテレビの前に座って番組を見た。佐藤が、はっきりと覚えているシーンがある。搾りたての新酒の味を確かめるために廣木が使った「利き猪口《ちょこ》」の端が欠けていたのだ。

当時はまだ、全国新酒鑑評会の連覇が始まるかなり前で、ぱっとしない酒のイメージがある福島らしいだめな蔵が映っているなと、佐藤は、そのときに思った。

一九九九年の六月。廣木、東海林、佐藤の三人は会津若松市の居酒屋に集まった。

「前略、お世話様です。という訳で第1回AGU地酒研究会（仮称）がいよいよ開催されます」

青学で広告研究会に入っていた佐藤から、東海林と廣木のもとには手書きのFAXが送られてきた。「せっかくなので大学当時の思い出の品を持参しませんか」と書いてあった。

佐藤と廣木は偶然だったが、大学時代に着ていたスタジャンを、東海林は大学のイニシャルが入った帽子を持参した。学食の好物メニュー、バイト先、印象に残っている酒……。三人は夜遅くまで昔話で盛り上がった。

「僕は『奈良萬』、廣木さんは『飛露喜』を売り出したばかり。佐藤さんも泉屋二代目として、どんなスタンスでいくか悩んでいた。そんな三人だったから話は弾んだ」

東海林は、そう振り返る。

後に「青学地酒研究会」と呼ばれ、福島県の若い造り手たちを牽引《けんいん》することになる会の誕生だった。

火入れをしない無濾過生原酒で一世を風靡した飛露喜が誕生して二年目の二〇〇〇年。佐藤は県外の同業者から「廣木さんに、あなたが十四代とやったことを教えてあげてくれないか」と頼まれた。青学出身の三人で飲み明かした間柄だったので廣木に電話をかけた。他人から自分の酒造りについて、とやかく言われたくないという蔵元を佐藤はたくさん見てきた。廣木が、そんな反応だったら仕事の話はしないつもりだった。

電話口で、二歳年上の廣木は言った。

「ぜひお願いします」

会津若松市の和食店の個室で二人は向かいあった。

酒処の灘の酒から新潟の地酒に至る日本酒の歴史や、有名酒蔵の製造量、東京の酒屋の「派閥」……。佐藤は時間をかけて廣木に説明し、肝心な話を最後に、こう言った。

「無濾過生原酒だけでなく、火入れした定番酒を造らなければだめです。常時出荷できる定番酒がないと客はつかない。いまのまま二百石程度の小さな酒蔵で終わるのですか。千石レベルまで伸ばしたいのなら、機関車として引っ張っていく定番酒が必要です」

「無濾過生原酒」は飛露喜の代名詞だった。飛ぶように売れた。しかし、十四代の成功は一年目の「生酒」ではなく、季節と無関係に出荷する「本丸」を二年目に造ったことにあると、佐藤は確信していた。

季節限定の酒に飛びつく客がいても、一年間を通した定番酒がなければ、一過性の客で終わってしまう。しっかりとした定番酒があれば、固定客になる。

それが佐藤の信条だった。

父、隆三から「蔵元と深い関係になれるのは一生に一回あるかないかだ」と言われたことがある。だから思っていた。自分は早い段階で十四代の髙木と、それを経験してしまったから、もうないんだろうなと。

廣木に自分なりの助言はしたが、それでも無濾過生原酒の路線を変えないだろうと、佐藤は思っていた。酒が売れ、せっかく成功者となったのに別の道を歩めば、その地位を簡単に手放すことになるかもしれない。うまくいく確証はなく賭けだ。

廣木自身も、佐藤の指摘は十分わかっていた。

無濾過生原酒の酒が評価されるのは無垢《むく》な赤ちゃんのような存在だからだ。どんな赤ちゃんでもかわいいのと同じだ。ほかの蔵が無濾過生原酒を売り出せば、どこも同じように評価される。しかも、無濾過生原酒はほかの酒と違い、同じように造っても味の変化の振れ幅が大きい。飲んだ客から「いい酒だった」と言われても、どのタンクでいつ仕込んだ酒なのか、造り手自身ですらわからない。

不安に思っていた矢先に、まさに佐藤に、図星を指された。

「やってみます」

廣木は自分の将来を、この男に賭けた。

翌二〇〇一年。佐藤は廣木にまず、髙木を引き合わせた。

山形市にある和食店で落ち合った。

だが、場は荒れた。佐藤が連れてきた他県の酒屋が廣木に突っかかったからだ。廣木が造る無濾過生原酒を「欠点がたくさんある」と酷評し、肝心の話は進まない。「もう、お開きにしましょう」と佐藤が収め、解散したふりをし、佐藤と髙木と廣木は山形市内にある髙木のマンションに場を移した。

つまみなしで、三人は「十四代」をコップ酒で飲んだ。

自分の酒を酷評されて落ち込む廣木をなだめたのは髙木だった。十四代が有名になる前、髙木は酒を売り込むため、都内のカプセルホテルに泊まりながら酒屋をめぐった。十四代を置いてもらおうと、飲食店にも通いつめた。店の客に酒をついでまわり、疲れ切って、そのまま店内で寝てしまう日もあった。そんな話を二学年上の廣木に明かしながら、髙木は言った。

「誰もが苦労しているんです」

そして、こう続けた。

「酒造りというのは、一人で全部を背負わなければいけない。廣木さん、いいストレートがあって変化球も生きる。そういう定番酒を造らないと」

すると、髙木は立ち上がり、タンスの引き出しから「十四代」の文字の刺繡が入ったポロシャツを出してきた。

「自分が使っているものですが、どうぞ受け取ってください」

そのころ、日本酒業界では、蔵元が酒屋にリベートを払って酒を売ってもらう商法がまだ残っていた。その慣行を断った髙木には敵も多かった。酒の安売りをせず、酒屋に「売らせてほしい」と言わせる酒がもっと出まわらないと、業界を変えることはできないと、髙木は思っていた。自分の後を廣木に追ってきてほしい。自分のシャツを渡したのは、その特別な思いを伝えたかったからだ。

その年の六月。廣木は火入れをした酒「飛露喜　特別純米」を初めて出荷した。

火入れをすると硬い酒になりがちで、酒が本来持つ柔らかさに引き戻す技術が求められた。廣木は六十五度まで温度を上げて火入れし、十七〜十八度まで急冷させる。加熱時間が長くなったり、温度が上がりすぎたりすれば、香りが失われてしまうため、気が抜けない作業になる。

年に一回だけ造って出荷する季節商品と違い、通年出荷の酒造りは難しかった。季節によって米質も気候も変わるため、十一月に成功した酒造りが十二月に通用するわけではない。同じように造っているのにタンクによって、突拍子もなくうまい酒ができることもあるし、その逆もある。調整力が試された。

無濾過生原酒の販売で入ったカネは「特別純米」を造るための設備投資にまわした。経営者が杜氏も兼ねる蔵元杜氏だったから即座にできた。経営と製造部門がわかれていれば、杜氏が「あの機械がほしい」と思っても、経営者から「その金額に見合う酒の味になるのか」と言われることを考えると躊躇《ちゅうちょ》してしまうだろう。

実力が十分でないことは自分自身でいちばんわかっていたので、努力している姿だけでも多くの酒屋に認めてもらおうと「こういう機械を入れた」「いい酒米を原料に使った」「米をここまで磨いた」と、ことあるごとに伝えた。

自己主張が強すぎる酒は飲み疲れるが、弱すぎれば、何のために酒を造っているかわからない。うまい酒を造れる自信は、まだなかったので、どんなときに飲んでも、これが飛露喜だとわかる酒をめざした。

「百人が飲んで『たいしてうまくはない』と感じる人が大半だったとしても、その中の二人、三人が『おー』と声を上げるような、そんな酒にしたかった」

廣木は、そう言う。

「飛露喜　特別純米」は廣木酒造にとって無濾過生原酒に代わる主力商品になった。

「工程のどこかで失敗してもコントロールし、着地できるようになった」

飛露喜の生みの親でもある小山商店の小山は、廣木がそのころ、そう伝えてきたことを覚えている。

小山は言う。

「定番酒を造るのに五年も六年もかかっていたら、彼は見放されていただろう。ダラダラやっていてはだめ。パーンと火をつけないと。ブランドは、そうしてできあがる」

廣木は、こう振り返る。

「悪いところをなくせば、すばらしい人間ができるかというと、そうではない。客が求めているのは欠点のない酒ではなく、秀でた長所がある酒だ。自分の酒の長所がどこにあり、どうすれば、長所を伸ばすことができるのか。造り手は、みんなそこに難しさを感じている。初めての酒を造ったときも高い山を越えた感じがあったが、火入れした特別純米酒は比べようもないほど高い山だった。佐藤広隆が自分に迫ったのは、そういう酒を造ることができなければ『一人前の造り手として認めませんよ』ということだった」

二〇一二年に始まった「ＳＡＫＥ　ＣＯＭＰＥＴＩＴＩＯＮ」の第一回のコンテストで、純米大吟醸部門の一位は十四代が受賞した。最も多い二百六十五銘柄が出品された純米酒部門の一位は「飛露喜　特別純米」が選ばれた。廣木は自分の酒造りが間違っていなかったんだと実感した。

何を長所にしたのか。

私のその問いかけに廣木は、しばらく沈黙した後に、こう言った。

「言葉では表現できない。ただ、自分の頭に明確なイメージはある。音楽家でも詩人でも作品を作るときは同じだと思う。言葉にした時点でイメージからかけ離れていく。強いて言えば『味の伸び』とか『味の締まり』だが、やはり言葉では表せない」

その二年後。廣木がつかんだ一位の座を三十八歳になったばかりの地元、福島県の別の造り手が奪った。

第三章　新たな彗星

「屈辱」と「敗北」

「飛露喜《ひろき》　特別純米」が一位に輝いた二〇一二年の「ＳＡＫＥ　ＣＯＭＰＥＴＩＴＩＯＮ」純米酒部門で二位は三重県の「作《ざく》」、三位は秋田県の「新政《あらまさ》」だった。四位に入った福島県の酒がある。会津若松市の「寫樂《しゃらく》」だ。

造ったのは宮泉《みやいずみ》銘醸の四代目、宮森義弘だった。

「ＳＡＫＥ　ＣＯＭＰＥＴＩＴＩＯＮ」の中心メンバーであるはせがわ酒店の社長、長谷川浩一は授賞式で宮森に「やったな」と声をかけた。

予想外の言葉が返ってきた。

「全然よくない。俺は一位になるつもりでやっています」

宮森にとっては、有名銘柄を抑えての四位も「敗北」でしかなかった。

福島県いわき市で十七年続く「利き酒会」がある。市内の酒屋が県内の蔵元を招き、数百人規模の一般客が集う。各蔵元の酒が会場に並び、参加者が次々と杯を進める。どの酒がいちばんかは一升瓶の空き具合を見れば、一目瞭然だった。うまい酒には行列ができ、すぐになくなっていく。

宮森も以前、参加したことがあった。だが、酒は残ったままだった。

いわき市で澤木屋という酒屋を営む永山満久は会が終わった後、宮森が「どの会場に行っても最初になくなる酒にしてみせる」と言っていたことを覚えている。

「ＳＡＫＥ　ＣＯＭＰＥＴＩＴＩＯＮ」で四位になった二年後の二〇一四年。寫樂は出品数が二百七十一銘柄と最も多い純米酒部門で一位に輝いた。出品数が二百五十七銘柄と、二番目に多い純米吟醸部門でも一位となり、ダブル受賞の快挙だった。

純米吟醸部門の四位は髙木顕統《あきつな》が造る「十四代」だった。日本酒界のトップの酒を押しのけた寫樂は一躍、人気銘柄の仲間入りをした。

この年あった五部門の入賞酒に飛露喜の名前はなかった。

職人の世界では後輩の活躍を先輩がやっかむ光景は珍しくない。だが、福島県で不動の地位を築いていた当時四十七歳の廣木は九歳年下の宮森の躍進をねたむどころか、我がことのように喜んだ。

そこまでに至る宮森の苦労を知っていたからだ。

宮森は一九七六年に会津若松市の小さな酒蔵に生まれた。廣木と同じ県立会津高校を卒業後、東京の成蹊大学工学部に入り、システム工学や流体力学を学んだ。

祖父が、市内にある名門酒蔵の「花春酒造」から分家して「宮泉銘釀」を創業したのは一九五四年のことだ。

宮森は大学を出ると、東京で富士通の関連会社に入社し、システムエンジニアになった。卒業と同時に実家に戻ろうとしたが、父、泰弘から「まだ、そのタイミングじゃない」と言われた。理由を父も母も口にはしなかった。それから二年がたち、三年がすぎ、息子を戻したくないのは蔵の経営状態が悪いからだと察した。

　ところが、社会人になって四年目の二〇〇二年に泰弘から突然「蔵人《くらびと》が辞め、人が足りないので戻ってこい」と連絡が来た。二十六歳のときだ。

「お前にすべてを任せるから、やりたいようにやれ」

　泰弘は、そう言った。

　宮森が実家に戻ったのは長男としての義務感からだった。日本酒の世界への好感はなかった。

「どの日本酒もまずいとは言わないが、めちゃくちゃうまいとは思わない。何杯も飲みたくなる酒ではない」

　宮森が日本酒に感じていた印象だった。

　会津に戻る前、同期の社員たちが送別会で「福島の酒を飲もう」と地酒を置く店に連れていってくれた。店のメニューに初めて目にする名前の酒があった。注文すると、店主は「すいません。その酒は人気があって売り切れなんです」と言った。

　それが「飛露喜」だった。

「東京で人気になる福島の酒があるんだ」と気になった。「あの店に行けば、飛露喜は置いてあるはず」と店主はほかの店を紹介してくれた。後日、同期たちと再び、教えてもらった店を訪れて飛露喜を飲んだ。

「脳みそが感動した」

　宮森は、そのときの思いを、そう表現する。

雑味がなく、きれいな味で、それでいて深い味わいを感じた。地元の会津にこんな日本酒があるのかと驚いた。

日本酒業界が右肩下がりになっていることは宮森も知っていた。先行きへの不安をかき消すように、自分の蔵でも、こういう酒を造りたいと思った。

宮森が高校生のとき、宮泉銘醸には八人の社員がいた。蔵の規模を示す石数は八百石だった。一升瓶に換算すると、一年間に8万本の量の酒を造っていた。ほかの小さな酒蔵と同じように、造った酒の大半を大手メーカーに「桶《おけ》買い」してもらうことで経営が成り立っていた。だが、日本酒の消費量が落ちるにつれ、ほかから酒をかき集めて売っていた大手も、その必要がなくなり、桶売りは次第に姿を消していた。

宮泉銘醸も大手から取り引きを切られ、自分たちで酒を直接売っていかなければならなくなった。窮地に立たされた。父親の泰弘が目をつけたのは観光客だった。蔵の前に会津の最大の観光地である鶴ケ城があった。蔵に見学施設を併設し、売店で自社の酒を売った。

ただ、販売本数は限られ、赤字が続いた。宮森が実家に戻ったころの製造量は二百石まで落ちていた。一つの酒屋から注文が来るのは一升瓶一本とか、多くても数本の単位だった。

一本2千円の一升瓶を出荷したとすると、蔵元が酒屋に出すときの値段は通常七掛けなので1400円になる。二百石だと、一升瓶にして2万本になるので、酒屋には2800万円が入る。宮泉銘醸の一升瓶の値段は平均すると、だいたい2千円だったので2800万円が年間の売上額だった。そこから原材料費や税金、人件費、光熱費などが引かれるため、赤字になるのは当然だった。

実家に戻った宮森が最初にした仕事は、蔵の借金の連帯保証人に自分の名前を連ねることだった。額は2億5千万円。

父の泰弘から、こう言われた。

「蔵を辞めるか辞めないかは自分で決めればいい」

小学生のときから家業を継ぐつもりでいたため、迷いはなかった。しかし「億」という額を前にして書類に判子をつく瞬間はつらかった。

孤高の利き酒

宮森が、飛露喜を造る廣木健司に初めて会ったのは福島県清酒アカデミーに入校した二〇〇三年の春だ。

福島県の酒質が際だって向上したのは清酒アカデミーの存在があったからだ。廣戸川《ひろとがわ》を造る松崎祐行《ひろゆき》と一歩己《いぶき》の矢内賢征《やないけんせい》が酒造りを基礎から学んだ県認定の職業訓練校である。

後に酒造りを始め、宮森ともしのぎを削る松崎と矢内はこの年、まだ十八歳と十六歳だった。

全国新酒鑑評会で金賞受賞数全国一という連覇を続ける福島だが、以前は後進県だった。清酒アカデミー設立の二年前の平成元酒造年度の全国新酒鑑評会では、福島県内で金賞に選ばれた銘柄は一つもなかった。地酒ブームの流れに乗れなかった。

清酒アカデミーの授業時間は一年間に約百時間に上る。「初級」「中級」「上級」にわかれ、一年ずつ計三年間、酒造りのない夏場を中心に基礎からみっちりと、酒造りをたたき込まれる。

毎年十人前後の入学者がいる。平成二十七年度のカリキュラムは、こうだ。

初級の授業開始は五月。初日は福島県ハイテクプラザの醸造・食品科長だった鈴木賢二から「酒造総論」の講義を二時間受ける。その後、センターの研究員たちから「微生物学」と「原料水」について二時間ずつ学び、「製麹《せいぎく》」「醪《もろみ》」「酒母《しゅぼ》」「火入れ」「貯蔵」という各工程の基礎を各酒蔵のベテラン杜氏《とうじ》たちから教わる。「酒税法」や「原料米」「廃水処理の公害対策」といった授業もある。利き酒の仕方も教わり、各蔵で酒造りが始まる冬に修了する。

二年目の中級では、製造計画や機器を使った分析の仕方に進み、微生物や酵素を使った実験に取り組む。三年目の上級では、自分たちで実際に酒を仕込む試験醸造が中心になりマーケティングまで学ぶ。

蔵元として酒造りの仕組みも学んでおいた方がいいと思い、宮森も入校した。入学年次は廣戸川の松崎が十七期、一歩己の矢内が十九期、二人より先輩の宮森は十二期だ。

入校式の後の懇親会の会場に廣木がいた。廣木も清酒アカデミーの講師を務めていた。姿を見つけると、宮森はすぐに駆け寄った。

「話をさせてください」

しかし、廣木はつれなかった。

「君と話すことは何もない」

なれなれしく話しかけたわけではない。何か失礼なことをしてしまったのだろうか。それとも、赤字の弱小蔵の息子と話しても時間の無駄だと思ったのだろうか。

落ち込みながらも、あこがれの大先輩の態度が少しまぶしくも映った。宮森は会津に戻った後、同業者の先輩たちが集まる会合に何度か顔を出した。酒の話はほとんどなく、宴会が中心だった。蔵元たちのなれ合う関係に嫌気がさしていたので、廣木の対応に逆に新鮮味を感じたのだ。

ところが、拒まれた理由は宮森が想像したものとは違った。宮森は後に廣木から直接、聞くことができた。

あの日、懇親会の会場には入校した生徒が自分の蔵から持ち寄った酒が並んでいた。宮森の同期は十六人いた。廣木は定番酒の「飛露喜　特別純米」を出荷し、まだ三年目だった。全国から注目を浴びる存在になってはいたが、自分の酒に、まだ満足はできず、理想の味を追い求めていた。どこに行っても目の前に日本酒があると、すべて利き酒をしないと気が済まなかった。むしろ、自分にそれを課していた。

懇親会が続く中、廣木は並んだ酒を黙々と一人で利き酒をしていた。そんなときに宮森が話しかけてきた。

「俺に話しかける時間があるなら、お前も利き酒をちゃんとやったらどうなんだ」

廣木は、そう思った。

宮森が何年か後に知った理由だった。

その後も、宮森は清酒アカデミーで講師を務める廣木と顔を合わせるたびに「話をさせてください」と頼み込んだが、相手にされなかった。

世の中には「偶然」と言えるつながりがある。

十四代を造る髙木と宮森の関係が、そうだ。

髙木が山形県村山市の実家に戻る前、衝撃を受けた日本酒が一つだけある。「古典寫樂」だ。いまは存在していない。

髙木が東京にいたころ、世田谷にある行きつけの居酒屋を訪れると、東洲斎写楽の浮世絵がラベルに描かれた日本酒が目にとまった。飲むと、子どものころに実家の蔵でかいだ甘い香りを思い出した。淡麗辛口の新潟県の日本酒がはやっていた時代だ。髙木は淡麗辛口の酒にうまさを感じなかった。「古典寫樂」を口にして「おいしい日本酒が世の中にはあるんだ」と思った。

「米の甘みを引き出した、こんな濃醇《のうじゅん》な酒を自分も造ってみたいと感じた。『古典寫樂』が自分にとっての酒造りの原点だ」

髙木は、そう話す。

古典寫樂を造っていたのは会津若松市にあった宮森家の本家筋の東山酒造だった。福島県郡山市の酒屋、泉屋の佐藤広隆にとっても古典寫樂は幻の酒だった。父、隆三と「扱わせてほしい」と頼みに行ったことがあった。

人気がありすぎて東京市場に持って行かれた。

佐藤は言う。

「そのころの酒と現在の酒は技術力が違い、レベルの差が相当あるが、古典寫樂がいま存在していたら間違いなく高く評価されているはずだ」

東山酒造は経営基盤が弱く、廃業に追い込まれた。寫樂のブランドを引き継いだのが、宮森の実家の宮泉銘醸だった。宮森が造る寫樂はゼロから挑んだので古典寫樂とはまったく違う酒だ。だが、古典寫樂、十四代、飛露喜、寫樂と続く系譜は輪っかのようにつながっていた。

蔵人たちの抵抗

宮森は何度拒まれても廣木への接触を諦めなかった。

廣木の行きつけの店が会津若松市にあると聞くと、一人で足しげく通った。同情してくれた店主が気をきかせて「来ているよ」と連絡してくれた日にはすぐに店に向かった。日本酒造りのトップ集団にいる人が何を考えているのか、宮森はじかに聞きたかった。

最初の出会いから、どれだけの季節がめぐっただろうか。根負けし、宮森と酌《く》み交わすようになった廣木は宮森のことを「ヨシヒロ」と呼ぶようになっていた。

「ヨシヒロのところは父ちゃんが経営をしているの？」

廣木から聞かれた宮森は、こう返事をした。

「経営は父に任せ、自分は酒造りのことを特化して考えています」

宮森は、それが格好いいと思ったし、ほめてくれるだろうと期待した。ほめられるどころか「それは違うぞ」と叱られた。

「カネを自分で管理できないと、いい酒はできない。経営と酒造りの両方を担うことが大事だ」

廣木は宮森に、きっぱりと言った。蔵から出荷するときはどれもいい酒だ。だが、酒屋や飲食店の管理のまずさで、だめになるときがある。廣木は取引先の酒屋が信用できないと思えば、出荷を断った。経営者であったから、それができた。

宮森が清酒アカデミーで三年間学び、卒業したのは二十九歳のときだ。

廣木からは「地元産のブドウで造るワインの世界と違い、日本酒造りの醍醐味《だいごみ》は全国各地の最高峰の米を使えることだ」と聞かされていた。

しかし、清酒アカデミーで学んだ技を蔵の中で使うのは全国新酒鑑評会に出品する酒だけだった。市販酒造りに、そんな手間はかけなかった。

宮森は蔵人たちに言われた。

「いい酒を造ったって売れやしない」

清酒アカデミーの同期たちも、ベテランの蔵人たちと衝突し、同じように壁にぶち当たっていた。父の泰弘からは「酒造りに未来はない」とまで言われた。

宮森は、清酒アカデミーで習得した技術や知識を市販酒にも生かしたかった。

「自分のやり方でやらせてほしい」

杜氏に何度も頼んだ。

実家に戻って四年後の二〇〇六年。宮森は宮泉銘醸の社長を三十歳で継いだ。まず、月10万円の広告費を払って設置していたＪＲ会津若松駅前の「宮泉」の看板を撤去した。蔵の巨額な借金に比べれば、わずかな支出減だが、その決断力の速さが後に宮泉銘醸を押し上げていく。

翌二〇〇七年。宮森の度重なる懇願に根負けした杜氏は「やってみっせ」と折れた。杜氏が指揮する「會津宮泉《あいづ》」の銘柄とは別に「冩樂」の銘柄を立ち上げ、自身で杜氏役を担った。

作業場を空調で冷やして酒造りに適した冬の環境下に近づける酒蔵は、いまでは珍しくない。だが、そのころは違った。

宮森は蔵の温度管理を徹底し、空調の室温を極力下げた。ところが、いつの間にか温度はすぐに戻され、ときには空調を切られた。

「電気代が余計にかかりますよ」

立ちはだかったのはベテランの蔵人たちだった。

だが、妥協はしなかった。

宮泉銘醸ではできあがった大量の酒をいったん大きなタンクにため、出荷する前に一升瓶に詰めていた。そのやり方を冩樂では改めた。タンクにためると、瓶詰めするまでに空気に触れる回数が増えるため、酒質が落ちかねない。できあがった酒をすぐに瓶に詰めた。

「瓶詰めするまでに寄り道をする時間が長ければ、いい香りや、きれいな味わいが損なわれ、酒の風味が低下する」

清酒アカデミーで学んだやり方だった。

十四代や飛露喜をまねても意味がない。個性が出るように甘さと酸味をもっと膨らませる味をめざした。

造りたての純米吟醸酒を泉屋の佐藤に飲んでもらった。

「硬い。味がガチガチだ」と顔をしかめられた。少し時間がたつと、味は丸くはなったものの、佐藤は「まだ硬い」と言った。さらに数時間がたった酒を佐藤が再び、口にした。

「これ、売ってみっか」

一升瓶で1500本を造った。「おいしい」と評価してくれる地元の酒屋はあったが、會津宮泉よりも売れることはなかった。會津宮泉の味に慣れ親しんできた地元の飲み手に寫樂は受け入れてはもらえなかった

製造量を十倍に

宮森が寫樂を始めて五年後の二〇一二年。寫樂は東京の酒屋で扱われたことで売れ行きが伸び、會津宮泉の製造量を超えた。

「若造が何をやっているんだ」と、それまで認めてくれなかった蔵人たちが一目置いてくれるようになった。

そして、二〇一四年。「SAKE COMPETITION」で純米酒、純米吟醸の両部門で寫樂は一位となり、東京市場でブレイクする。宮森は社長就任から十年間で積極的な設備投資を続け、製造量を二千石と就任時の十倍にした。會津宮泉は以前と同じ二百石のままで、製造量全体の九割は寫樂だった。

突出した成長ぶりに廣木も驚いた。

「僕が十年かけて取り組んだことを三倍の速さで成し遂げた」

蔵での作業は酒米を洗うことから始まり、醪を搾った後の酒を瓶詰めして保管するまで数多くの工程がある。「質」と「量」を両立させるのは難しいのに、どうやって成し遂げたのか。

洗米を十キロ単位でおこなっている酒蔵が倍の製造量をめざしたとする。蔵人の人数が同じままなら、二十キロ単位で洗米しなければならない。洗い方が雑になれば、酒質に影響する。麹《こうじ》造りもそうだ。洗米し、蒸した後の米を麹室《こうじむろ》に引き込むが、それまで薄く盛っていた蒸し米を厚くしなければならず、繊細さに欠けてしまう。

宮森は繊細な酒造りを人一倍、心がけてきた。単純に量を増やせば、自分が大切にしてきたものが崩れてしまう。質を保つには蔵人の人数を増やし、製造ラインを新たに作らなければならない。赤字の蔵に、そんな資金の余裕はなかった。

取り組んだのは酒の仕込みをする期間を延ばすことだった。宮泉銘醸では酒になる醪を造る仕込みを一月初旬に始め、二月末には終えていた。開始時期を一カ月前にし、終了時期を一カ月後ろにずらした。

日本酒の仕込みを気温が低い冬にするのには理由がある。酒に悪さをする菌の繁殖を抑えられるからだ。醪の温度管理がしやすく、雑味のない酒につながる。

蔵にもともとあった空調設備を広げ、蔵全体を大きな冷蔵庫に変えることで実現した。人工的に冬の期間を延ばしたのだ。

昔は麴を造る麴室にカネをかけるというのが王道だったが、いまでは酒の貯蔵や流通への投資を優先する酒蔵が当たり前になった。

宮森は言う。

「目標である廣木さんを後ろから追いかけているだけでは差は縮まらない。自分が追いかけている間に相手も前に進んでいるわけだから。最初から追い越すことを考えないと追いつきもしない」

宮泉銘醸は常に建物工事をしている蔵として近所で知られる。

宮森が蔵のあらゆる場所に、いつも手を入れているからだ。成蹊大学工学部の学生時代に授業で工作物をよく作った。もともと機械いじりが好きで、それが酒造りに生きた。

空調設備の拡大とともに最初に大がかりに取り組んだのは蔵の床の張り替えだ。最初は水たまりができて不衛生に感じたので側溝を作って水が流れるようにした。床がでこぼこで歩きづらいと感じると、酒のタンクを全部動かし、コンクリートを貼り直した。

次は一年分の一升瓶を貯蔵できる大型冷蔵室を作った。大吟醸酒を造るときと同じように、ほかの酒もすぐに瓶詰めし、冷蔵保管するようにした。保管場所が整ったことで一時間に千本の瓶詰めが可能になり、酒質も格段に上がった。狭くて作業がしづらい場所があると、周りの壁を取っ払って広くした。

空調だけでは、酒造りに使う水の温度まで落ちきらないため、水を冷却する設備も入れた。水から不純物を完全に取り除く濾過《ろか》フィルターも併せてつけた。蔵の中の空気の循環が悪いと思えば、屋根を思いっきり高くした。

気づいたことはすぐに取り組んだ。小さい蔵だから可能だった。あまりに改修が続いたため、蔵の中は宮森が実家に戻ったときの面影すらない。売れた酒で入ったカネは設備投資につぎ込み、それによって酒質が上がり、また売れるという好循環ができた。

宮森は言う。

「毎年、家を二、三軒買えるぐらいの額を設備投資してきた」

その年の酒造りが終わってから改修に取りかかると、次の酒造りが間に合わなくなるため、酒造りと同時並行で工事は進んだ。

宮森と同い年で親しい蔵元が福島県南会津町にいる。有名銘柄「ロ万《ろまん》」を造る花泉《はないずみ》酒造の社長、星誠だ。星は宮泉銘醸を訪れると、いつも驚かされる。

「酒を仕込んでいる横でウィーンと工事音がする。酒質に影響が出るんじゃないかと、こっちが心配になる。そもそも、ふつうの人間だったら気が散って酒造りに集中できないはずなのに」

牽引者は東京の酒屋

寫樂の躍進の裏には立役者がいた。

地酒ブームを牽引してきた日本酒界の巨頭、はせがわ酒店の社長、長谷川浩一だ。

宮森が長谷川と初めて会ったのは、寫樂の初出荷から三年がすぎた二〇一〇年の冬だ。長谷川が会津若松市を訪れたとき、廣木が「彼の面倒を見てもらえませんか」と宮森を引き合わせた。

はせがわ酒店の本社は東京の麻布十番にある。もともとは東京の下町、江東区亀戸にある地酒屋だった。六本木に近い麻布十番に店を出したところ、近くに住む森ビルの社員から「表参道に六本木ヒルズの兄弟分の商業施設を作るので店を出してほしい」と頼まれて出店した（現在は閉店）。そうしたら今度は、その店を見たＪＲの社員から「ぜひ、東京駅にも」と依頼され、東京駅構内の「グランスタ東京店」を二〇〇七年に出店した。拠点駅には大勢が訪れるので暮れの繁忙期には一日の売り上げが８００万円にも上った。

長谷川は宮森が社長を務める宮泉銘醸の名前だけは知っていた。十四代の源流となった酒、古典寫樂を店で扱っていたからだ。

味わい深い酒だと、長谷川も高く評価していた。造っていた東山酒造は廃業したが、仕事で訪れたニューヨークのレストランに古典寫樂が置かれていた。長谷川は「廃業したはずでは……」と思いながら注文した。劣化し、とても飲めた酒ではなかった。貼られたラベルには「宮泉銘醸」とあった。

「ひどい蔵に引き継がれてしまったな」

長谷川はがっかりした。と同時に許せなかった。

日本酒の魅力を海外に広める活動に取り組んでいたからだ。米国やヨーロッパで利き酒会を開き、国際イベントがあれば、日本酒バーを出店した。日本酒のレベルの高さを海外で認めてもらおうと努めているのに、それに水を差すかのような酒をなぜ輸出するのか。

初めて会う宮森と名刺交換し、そこに記されていた「宮泉銘醸」の名前を見た長谷川はニューヨークでの苦い経験を思い出した。

あのときの蔵元が、こいつか。

あいさつもそこそこに長谷川は口を開いた。

「何であんな酒、売ったんだ」

長谷川には若いときの忘れられない体験がある。

東京の著名なバーに一本の日本酒を持ち込んで「ここに置いてもらえませんか」と頭を下げたことがあった。自信がある酒だった。各地の酒蔵を自分でまわって「ずば抜けた酒だ」と感じた「酔《すい》鯨《げい》」（高知県）の純米大吟醸だった。

だが、カリスマ・バーテンダーは、そっけなかった。

「君ねえ、ここに置く酒じゃないんだよ、日本酒は。店の雰囲気にそぐわない」

バーテンダーの、その言葉が長谷川に怒りをたきつけ、その後の彼の原動力になった。

酒場に自国の酒を置かない国なんて、あり得ない。いまに見ていろよ。

いい酒を造る蔵は各地にあった。自分で探し歩いて発掘し、次々と流通させた。

長谷川から問い詰められた宮森は慣れない正座をしたまま頭をさらに低くし、こう言った。

「いろいろ事情がありまして……」

長谷川が飲んだのは宮森が造った寫樂ではなかった。廃業した東山酒造が残した在庫だった。廃業の危機すらあった宮泉銘醸にとって在庫の酒を廃棄するわけにはいかなかった。酒を引き取った業者から海外に流れていたのだ。

宮森は釈明をせず、頭を下げ続けた。

沈黙の時間が続いた。

宮森の苦しげな表情に地方の酒蔵の経営状況を熟知していた長谷川は事情を察した。

「なるほど、そういうことか」

それ以上は尋ねることはせず、宮森が持ち込んだ寫樂を口にした。

「この味で売れないのか」

長谷川が驚きながら尋ねると、宮森は答えた。

「東京で、なかなか売れないんです」

「それで蔵ではどれぐらい造っている？」

「二百石です」

「そんなに少なくてはやっていくのも大変だな」

そんな会話が続いた後、長谷川は言った。

「じゃあ、俺に任せてよ」

国内トップレベルの酒屋が扱う「厳選された酒」というお墨付きをもらうことを意味した。巨頭のはせがわ酒店と取引が始まれば、相当数の出荷が見込まれる。

寫樂が全国区の酒に上り詰めるチャンスをつかんだ瞬間だった。

育ての親

廣木と長谷川との出会いは二〇〇〇年の初夏にさかのぼる。

仙台市の酒屋が催した酒の会で初めて名刺交換をした。

二人の距離をぐっと近づけたのは、たばこの「セブンスター」だった。同じ銘柄のたばこを吸っていた。しかも、ショートピース→ハイライト→セブンスターと、これまで吸ってきた銘柄の変遷が同じだった。酒ではなく、たばこのことで話は盛り上がり、長谷川は廣木に「お前、なかなか見どころあるな」と言った。

「たばこをやめてから、かなりになるが、そのころはヘビースモーカーだった。セブンスターを吸っているやつは味がわかると思っていた」

長谷川は、そう話す。

「たばこの話だけで『見どころある』なんて、めちゃくちゃだ」

廣木は、そのころを振り返りながらも「あながち、冗談でもなかった」と言う。

「たばこは利き酒の妨げになるという考えが定着し、私ももう吸ってはいない。長谷川さんとは、その日、たばこ以外にビールの話もしたが、ビールの好みも一緒だった。香りや味のバランスといった嗜好《しこう》が酒の一流の担い手と同じ感覚なんだと、うれしくなった」

廣木は、その前年の一九九九年に「飛露喜　無濾過生原酒」を初出荷していた。長谷川はたばこの話をする一方で廣木への注文を忘れなかった。

「季節商品として『無濾過生原酒』を造るのはいい。だが、春以降まで引っ張ってはだめだ。『生』以外の、火入れした酒を造らないと」

泉屋の佐藤から言われた戒めと、まったく同じことを長谷川は言った。

長谷川にとっての酒の師匠がいた。

「吟醸王国」と言われる山形県の酒を発展させた山形県工業技術センターの元所長、小関敏彦だ。同い年だが、三週間だけ、小関の方が誕生日が早い。

髙木が初めて十四代を造ったときも、指示を仰いだ一人が小関だった。小関は県職員になる前に勤めていた会社で、日本酒だけでなくワインも担当していた。ボルドーの第一級の格づけのワインと比べると、当時の日本酒は「ふぬけた酒」にしか思えず「フルボディーの日本酒を」と待ち望んでいた。髙木と、髙木の父と三人で酒質を設計し、十四代が、それに近づいた。

その小関から、長谷川は何度も「生酒」について諭された。

「お前は日本中の蔵を訪れているんだから、そんな危ない酒を売っちゃだめだと言ってまわれ」

日本酒の生酒は劣化しやすいのに、平気で棚に置いたまま一年中売っている酒屋まであった。冷蔵庫で酒を保管する時代では、まだなかった。

廣木が長谷川に言われたことが、もう一つあった。

まだ少なかった製造量についてだ。

「それじゃ寂しすぎる、その先にある大きな夢をあきらめてしまうことになる」

量を増やせば、質が落ちると考え、廣木は「この程度の規模でいい」と思っていた。だが、両方を追求してこそプロの仕事だと、長谷川から教えられた。

「飛露喜　特別純米」は初出荷から二年後の二〇〇三年。「ＳＡＫＥ　ＣＯＭＰＥＴＩＴＩＯＮ」の前身で長谷川が催す利き酒会の純米吟醸部門で二位に入った。一位は静岡県の「開運」だった。

「若手の躍進に先輩蔵元たちも驚き、業界関係者も『へー』という感じ。飛露喜は次の年も二位でコンスタントに上位に入った。僕がどうこうではなく廣木健司の実力だった」

長谷川は、そう振り返る。

「飛露喜」のライバル酒に

長谷川は寫樂を造る宮森に対し、こう言う。

「一発屋の蔵元はいつの時代もいくらでもいる。彼は違った」

寫樂が「ＳＡＫＥ　ＣＯＭＰＥＴＩＴＩＯＮ」に初めて入賞したのは二〇一二年の四位だった。授賞式で長谷川が「やったな」と声をかけると「全然よくない」と心の底から悔しがったエピソードはすでに紹介した。翌二〇一三年には七位、二〇一四年には二部門で一位、二〇一五年も五位と入賞が続いた。

長谷川が驚かされたのは経営者としての宮森の力量だった。

「製造量が増えれば、ふつうは質が落ちるが、酒質は上がった。有名な先駆者の、あの『磯自慢』

ですら石数《こくすう》を十倍近く増やすのに三十数年かかった。十年で十倍なんて信じられない」

いい酒を造っていても七割、いや半分までは徹底して自分の造りを貫くが、製造量を増やすために残りの酒は手を抜く蔵元が少なくないことを宮森は酒業界の中にいて感じていた。洗米作業一つとっても、勝負する酒は小分けにして丁寧に洗っているのに、それ以外の酒造りでは、むらが出るのを承知のうえで大量に洗っている蔵もある。

廣木や髙木には、それがないと、宮森は感心していた。十四代の定番酒である「本丸」も吟醸や大吟醸といった特別な酒ではないのに、同じ手間をかけて造っているから、いい酒に仕上がっていることを宮森は知っていた。

酒の仕込みだけではなく、酒米の仕入れから、酒を仕込んだ後の管理、出荷までが酒造りだ。経営と造りの責任者が別だったら、品質とコストのどちらを優先するか、どこかでぶつかる。両方を担っているから、手を抜かず、かつスピード感を持って製造量を増やせた。

廣木から以前、教えられた「経営と酒造りの両方を担うことが大事だ」という言葉の意味を理解するのに時間はかからなかった。

宮森は廣木に、こう食ってかかったことがある。

「廣木さんはずるい。飛露喜は人気があるから、店ですぐはける。造り手が飲んでほしいと思ういちばんいい新鮮なタイミングで客に飲んでもらえている。寫樂は出荷して店に並んでも、いつ飲んでもらえるかわからない。だから、その分、質が落ちないようにゾーンを広げないといけない」

廣木は即答した。

「それはお前が悪いんだ。それも含めて酒造りだ」

宮森はこれまでにも増し、飲み手の手元に新鮮な酒が届くタイミングを綿密に計算し、製造計画を立てた。

宮森が寫樂を造ってから八年後の二〇一五年。廣木は会津若松市にある行きつけの飲み屋にいた。ライバル視している酒のでき具合を確かめる「利き酒」はいつも、その店でしていた。出荷されてからの時期や保管状況など、毎年同じ条件で飲まないと比べられないからだ。

「彼は今年、こんなことを意図して造ったんだな」と顔なじみの造り手に思いをはせながら「勝った」「負けた」を判断する一人酒だ。

酒の仕込みは年に一回だけでなく、毎月のように続く。米の状態が毎年違い、季節が移りゆく条件の違いの中で酒質を同じレベルで保つのは難しい。でも、いい造り手は酒にむらがなく、どんなときも完成度が高い。

対決酒は決まっていた。十四代と醸《かも》し人《びと》九平次《くへいじ》だ。十四代にはのど越しの軽快さに感心し、九平次には味の豊かさに驚かされてきた。名優の演技に触れることで自分も奮起できた。

この日、もう一つの酒を注文した。寫樂だ。あと改良すべきなのは重箱の隅をつつくぐらいの完成度になっているとすでに感じていた。

出てきた寫樂は栓が開き、中身が半分ほど残っていた。一杯飲むと廣木は携帯電話を取り出し、宮森に宛ててショートメールを送った。

「これから十年先の指標になる味だ」

廣木が酒造りで意識するのは味の「キレ」と「膨らみ」だ。後味がすっきりする「キレ」を意識しすぎると味の「膨らみ」がなくなり、膨らみを重視するとキレが減る。

相反する二つの課題に、どう向き合うのか。

「今年は膨らみに重きを置いたから、次の年はキレを重視して一ランクレベルを上げる。その次の年は、また膨らみに戻って、さらに酒質を高め、ポンポンポーンと掛け合わせていくイメージ」

廣木は自身の酒造りを、そう言い表す。

それに対し、寫樂に感じたのは「キレ」とは違う、ドライな白ワインに似た「シャープさ」だった。いまの日本酒は「甘み」がキーワードになっているが、「シャープさ」が飲み手を引きつける次のキーワードになると感じた。「十年先の指標になる」というのは、そういう意味だった。

あの青年が自分を乗り越える存在にまで成長したのかと、うれしかった。

東京市場で勝負するには「個」だけでは難しい。産地という「面」がないと戦えないと、廣木は思っていた。

「居酒屋に入って『飛露喜』が売り切れでも『じゃあ、今日は同じ福島の寫樂を飲むか』と思ってもらわなければ、客の関心は別の地域に流れてしまう。日本酒もワインのようにボルドー、ブルゴーニュ、シャンパーニュといった産地で、もっと注目されないと」

二人の「右腕」

本当に宮森が自分で造っているのか。ほかに杜氏がいるんじゃないのか。はせがわ酒店の社長の長谷川はずっと疑いを持っていた。

「廣木健司だって二度、三度と踊り場があった。たいてい四、五年目に壁にぶち当たる。寫樂には、それがなかった。そんなのは十四代だけだ。宮森は先輩の廣木本人を目の前にして『質も量も抜きましたよ』と豪語するんだから」

長谷川は、そう言った。

酒造りの総責任者である杜氏は確かに宮森が務めていた。だが、右腕の存在がいた。小学校と中学校で同級生だった山口武久だ。

「自分にとっての分身だ」と宮森は言う。

会津若松市にある山口の自宅は宮森の実家から一、二分の近さだった。一緒に鶴城《かくじょう》小学校と会津若松市立第二中学校に登校した。子どものころ、鬼ごっこをしながら「大人になったら、一緒に仕事をやろうぜ」と話していた。それが現実になった。

高校は、それぞれ別の学校に通い、再び接するようになったのは社会人になってからだ。山口は仙台市にある情報処理の専門学校を出た後、東京の会社に就職した。一方、宮森が勤めた富士通の関連会社は川崎市にあった。横浜市に住む兄の家に居候をしていた山口は通勤で川崎を通るので、毎週末は宮森から「飲むべ」と連絡が入り、飲み屋で落ちあった。

ある日、宮森は「先に戻って蔵に入ってっから」と山口に伝え、実家に戻った。

「いま、こんなのを造っているんだ」

山口が正月に実家に帰省すると、まだ県内でしか売られていなかった寫樂を宮森に促されて飲んだ。山口はもともと酒は強くなく、家で飲むのはビールが多かった。日本酒はコンビニで売られているカップ酒のイメージしかなかった。寫樂を飲むと、ふわっとした甘さを感じた。「日本酒にはいろんなバリエーションがあるんだ」と、いろんな銘酒を宮森からすすめられて飲むようになった。

二〇〇七年。山口は三十歳で会津若松に戻り、ほかの会社に勤めながら宮森に頼まれて酒造りを手伝うようになった。一年後。正式に宮泉銘醸に入社した。「何のために専門学校を出たんだ」と反対する親を「データ管理の仕事もあり、いままでのことは無駄にはならない」と説得した。

蔵ではまだ、ベテランの蔵人たちが幅を利かせていた。山口が酒米をより丁寧に洗おうと、濁った水を取り換えると「何やっているんだ。余計なことをするな」と怒られた。「社長（宮森）もそれを乗り越えてきたんだな」と耐えた。酒造りのことを学べば学ぶほど、のめり込んでいった。

酒蔵は自動車工場のラインと似ている。販売予定の本数から、製造予定の量を決め、原料の米を仕入れる。何十本もの発酵タンクを常に稼働させるため、それぞれの種類の酒ごとに、どの日にどの作業をするのか綿密に計画を立てて人員配置を決める。

宮泉銘醸では「酒質の設計」をする宮森が、自動車メーカーに例えれば「車のデザイナー」であり、山口が「工場長」兼「現場監督」だった。

山口は長谷川や廣木からも「寫樂があるのは山ちゃんがいるおかげだ」と言われる存在になった。

宮森は、こう話す。

「小学校の同級生と酒造りを一緒にしている蔵なんて恐らくほかにない。山口が自分の考えを先まわりしてわかってくれるおかげで倍の仕事ができる」

二〇一五年。もう一人「右腕」が加わった。

宮森の三つ年下の弟の大和《やまと》だ。

兄と同じように理系だ。東京にある武蔵工業大学工学部を卒業後、兄とは別の富士通の関連会社に入った。その後、地元出身で衆院副議長を務めた渡部恒三（故人）が二〇一二年に政界を引退するまで秘書を務めた。

宮森が社長に就いたとき、零細企業だった宮泉銘醸は社員が四十人近い中規模の会社に成長していた。人手が足らず、大和を招き入れた。宮森にとっての山口のように大和にも社内に「同級生」がいた。市田元樹だ。宮森と山口が寫樂を担うように、大和と市田のコンビがもともとある地元銘柄の會津宮泉を担うことになった。

會津宮泉は寫樂と違う特徴にした。寫樂よりも醪を搾る時期を遅らせ、貯蔵の期間も長くして熟成させた酒にした。地方の酒蔵がみな同じように都会向けの上品な酒に寄せてきていることに宮森は違和感を持っていた。荒々しく、飲んで癖になるような昔ながらの酒も日本酒にとっては「伝統」と言え、その形を残したいという思いがあった。

二〇一八年の「ＳＡＫＥ　ＣＯＭＰＥＴＩＴＩＯＮ」で番狂わせが起きた。寫樂が二〇一四年に一位になった純米酒部門で、會津宮泉が一位に輝いたのだ。寫樂は五位だった。

全国で勝負している酒蔵には地元向けの銘柄があるところも多い。飛露喜を造る廣木酒造には「泉川」、十四代の髙木酒造には「朝日鷹」がある。だが、蔵の代表銘柄を飛び越えて地元銘柄が注目される例は珍しい。

大和は言う。

「寫樂はコアなファンがいるため、味を大きく変えるのは難しい。會津宮泉は製造量が少ないため、何でも挑戦できる。社長（兄）のスピードには追いつかないが、これからもっと攻めていく」

第四章　日本酒の進化

普通酒の呪縛

福島の酒には二つの顔がある。

一つは、より高みの吟醸酒や純米酒といった「特定名称酒」を造り、東京市場での成功をめざす「外向きの顔」だ。「飛露喜《ひろき》」や「寫樂《しゃらく》」の成功に感化され、全国で認められる酒を造りたいと思う若い蔵元は、福島県では当たり前になった。

もう一つは「普通酒」を中心とした地元消費の「内向きの顔」だ。普通酒は昔と比べて減ったとはいえ、安定した量をさばけ、経営を長年支えてきた。

「外」と「内」のバランスを、どう取るかは悩ましい。

いったい全国では、どれだけの数の酒蔵で日本酒が造られているのか。

酒を造るのには国の製造免許が必要で、国税庁の「令和二年度統計年報」によると、二〇二一年三月末時点での日本酒の「製造免許場数」は１７０９に上る。だが、日本酒の消費量が落ちる中で、免許は持ちながらも酒造りをやめてしまった蔵は多い。国税庁が各蔵元に酒造年度ごとに実施している「清酒の製造状況等について」という実態調査があり、令和二酒造年度（二〇二〇年七月〜二〇二一年六月）では１１５９の蔵が「清酒を製造している」と回答した。回収率が九十パーセントと高いので、この数が実際に酒造りをしている国内の酒蔵の実態に近いとされている。

一方で、国内で製造された日本酒の量は正確に把握され、国税庁の統計年報によると、令和二年度は31万2035キロリットルに上った。特定名称酒ごとの内訳までは把握されていないため、申告調査である「清酒の製造状況等について」(国税庁)で令和二酒造年度に造られた日本酒で見てみると、全体の五十七・〇パーセントは「普通酒」だった。「高級酒ブームが続いている」と言われながらも、純米吟醸酒は十六・一パーセント、純米酒は十五・一パーセント、本醸造酒は六・五パーセント、吟醸酒は五・三パーセントにすぎなかった。

「『普通酒』が日本酒業界の発展を阻み、足を引っ張っている」

純米酒や吟醸酒などの伸び悩みの要因について、そう主張する蔵元は増えている。青森県が誇る「田酒《でんしゅ》」を造る西田司《つかさ》は、その一人だ。

そもそも「普通酒」とは何か。

日本人に長年親しまれてきたのは普通酒だ。スーパーやコンビニに並ぶパック酒やカップ酒の多くが該当する。かつての「三増酒《さんぞうしゅ》」のように大量の醸造アルコールが加えられているわけではない。添加する醸造アルコールの量を抑えて「安価で良質な普通酒」造りにこだわる酒蔵がある一方で、国の基準で許される使用量まで醸造アルコールを入れ、人工的に味を調えるため、糖類としてのブドウ糖や水あめ、有機酸類としてのコハク酸、乳酸、リンゴ酸、クエン酸、うま味成分としてのグルタミン酸ナトリウムなどが添加されている酒も多い。これらは調味料として加工食品にも利用されている添加物だ。

普通酒のいちばんの売りは安さで、九百ミリリットルの紙パック酒だと、千円以下で買える。国の基準だと「吟醸酒」「純米酒」「本醸造酒」といった「特定の名称」がつかない酒が「普通酒」に定義されている。しかし、「普通酒」という名前は通称であり、スーパーやコンビニに並んでいる酒に「普通酒」と書いてあるものは、ほとんどない。

特定名称酒の種類は、醸造アルコールが入っているかいないかで大きく二つにわかれる。醸造アルコールが含まれていないのが「純米酒タイプ」で、醸造アルコールが含まれているのが「アル添酒タイプ」だ。意外に思われるかもしれないが、全国新酒鑑評会の金賞酒の多くは、実は醸造アルコールが入った大吟醸酒だ。令和二酒造年度の鑑評会で金賞を受賞した二百七点の酒のうち、八割の百六十八点がアル添酒だった。香りの成分は水よりもアルコールに溶けやすいため、アルコールが添加されると、香りがより高く感じやすくなる利点がある。ただ、添加できる醸造アルコールの量は特定名称酒の場合、使用する白米の重さの一割までと決められている。

アル添酒タイプは「本醸造」「吟醸酒」「大吟醸酒」に分類される。違いは精米歩合だ。米の周りを削って磨き、残った米の量の割合が精米歩合の値だ。精米歩合七十パーセントだと、玄米を三十パーセント磨き、六十パーセントだと四十パーセント磨いたことを表す。実際には酒造りに使う玄米全体の重さと磨いた後の米の重さを比べて算出している。

精米歩合六十パーセント以下の米で造った酒を「吟醸酒」、もっと磨いて五十パーセント以下の米で造った酒が「大吟醸酒」だ。その基準は国が定めている。純米酒タイプも「純米酒」のほかに「純米吟醸酒」「純米大吟醸酒」の分類がある。私たちがふだん食べている白米は精米歩合が九十パーセントほどなので、どれだけ周りを削った米で酒が造られているかがわかる。

国がかかわるのは、戦後に密造酒が横行した歴史があり、酒質の維持を保つ目的がある。吟醸酒の精米歩合を「六十パーセント以下」としているのは、六十パーセント以下に削った米で低温発酵して酒を造れば、これまでの経験上、吟醸香を持つ満足できる品質の酒ができるというのが国の説明だ。

特定の名称がついた酒は、ほかに「特別」の名前がついた「特別本醸造酒」「特別純米酒」があり、全部で八つある。

「飛露喜」を造る廣木健司が、とりわけ力を入れている定番酒が「特別純米酒」だ。精米歩合が「六十パーセント以下」または「特別な製造方法」で造られた酒というのが国の定義だ。純米酒は「香味及び色沢が良好」という基準に対し、特別純米酒は「香味及び色沢が特に良好」と差別化されているが、何をもって「特別な製造方法」とするかは各酒蔵に委ねられている。

手ごろな値段で飲むことができるので「特純」という分野が確立され、多くの蔵元が力を注いでいる。精米歩合だと「純米吟醸」と同じ「六十パーセント以下」になる。飲み手からするとわかりづらいが、六十パーセント以下に精米した米で造った酒は「特別純米酒」とも「純米吟醸酒」とも名乗れる。味わいに力点を置いた酒が「特別純米」、吟醸香と呼ばれるフルーティーな香りに重きを置いた酒が「純米吟醸」と名称がつけられている傾向がある。

ただ、「吟醸」「純米」といった特定の名称を瓶に表記するかどうかは蔵元の判断だ。最近は「先入観にとらわれずに酒を楽しんでもらいたい」と、あえて種別を明記しない蔵元も増えている。

普通酒に話を戻そう。

大手メーカーにとって普通酒は「ドル箱」と言われてきた。日本酒から「三増酒」が消えたとはいえ、醸造アルコールを添加することによって原材料費を浮かせることができるからだ。例えば、純米酒を造るのに必要な白米の半分程度の量があれば、普通酒を造ることができる。玄米を五十パーセント以上削って造る大吟醸酒と比べると、もっと顕著だ。一キロの玄米から大吟醸酒を造ると通常、一升瓶の半分程度の量の酒しかできないのに対し、一般的には普通酒だと同じ一キロの玄米で一升瓶二本ほどの酒ができる。

「清酒の製造状況等について」で令和二酒造年度の都道府県別の日本酒の製造量（アルコール分二十度換算）を見ると、国内有数の大手メーカーがひしめく兵庫県が9万1621キロリットル、京都府が5万5262キロリットルと、両県で国内の四十八・五パーセントを占めて他県を圧倒しているが、兵庫県の製造量の七十九・一パーセント、京都府の八十三・五パーセントが普通酒だった。

田酒の西田司が一九九八年に、まずやめたことがある。活性炭を使った濾過《ろか》だ。搾った酒を活性炭で濾過して瓶詰めする蔵が業界で当たり前だった中で幕引きした。

山形県工業技術センターの元所長、小関敏彦は日本酒の歴史を振り返りながら、こう説明する。

「国にとって日本酒は極端に言えば、課税対象のモノでしかなかった。平成の初めまで『特級』という等級があり、国の検査で認定された。水と同じ透明度がないと不合格だった。千リットルの酒に一キロの活性炭を入れた。墨汁のように真っ黒になり、フィルターを通して濾過すると、透明な酒ができあがる。二キロも三キロも炭を入れている県もあった。昔は常温貯蔵が当たり前だったので活性炭を使えば、一、二年は酒がそう悪くならずにもった。質よりも、とにかく量を追い求めていた時代背景があった」

山形県工業技術センターでは活性炭の使用量をチェックし、県内で用いている酒蔵があれば、小関は「使うな」と指導してきた。

活性炭を入れて濾過することによって酒が透明になるのは、炭の表面にある無数の穴が色の分子を吸着させるからだ。見た目はきれいな酒に変わり、淡麗辛口の酒にはなるが、酒のうまみまで一緒に奪われ消えてしまうと、小関は疑問に感じていた。

田酒の西田はさらに「普通酒」を酒税法上の「リキュール」に分類すべきだという主張を始めた。リキュールは酒に糖や香味成分を混ぜたものでチューハイが当てはまる。

日本酒造組合中央会の制度等委員会の委員長に西田が就いた二〇一五年。吟醸酒や純米酒、本醸造酒といった特定名称酒だけを「日本酒」と名乗る議論を始めるべきだと、西田は中央会のメンバーらに訴えた。

「日本酒ブームが続く、いまのうちに転換しないと、業界の未来はない」

西田の主張に対し、反発は根強かった。

「あなたは自分の仲間を切り捨てるのか」

旅館の宴会や飲食店で提供される普通酒を「主力商品」とする酒蔵は少なくなかった。蔵元が「吟醸酒や純米酒に切り替えませんか」と旅館や飲食店にすすめても、断られる現実があった。宴会の場で値が張る酒を客が求めていなかった。

やがて、そうした飲まれ方自体が減ると、普通酒の出荷は激しく落ち込み、酒蔵の経営を圧迫した。一九九八年から二十年間の出荷量の推移を見ても三分の一近くまで減った〔313頁・図2参照〕。

二〇一六年。福島県の二つの名門酒蔵の経営が行き詰まる事態が起きた。

一つは会津磐梯山がある磐梯町に拠点を構える榮川《えいせん》酒造。東京の食品会社の子会社になった。明治二年創業の老舗で福島を代表する酒蔵だ。会社によると、一九八〇〜一九九〇年代に十数億円あった売上高は年々減り、当時、赤字が続いていた。

もう一つは、江戸時代から約三百年の歴史がある会津若松市の花春《はなはる》酒造だ。負債を抱え、酒造りの事業を移譲した。譲渡先はラーメンチェーンを展開する幸楽苑ホールディングスの社長（当時）の新井田傳《にいだつたえ》が中心になって出資した会社だ。

花春酒造は寫樂を造る宮泉銘醸の本家だ。地元で記者会見したときの会社の説明によると、一九七八年のピーク時は一年間の出荷量が三万七千石（一升瓶で370万本）もあった。だが、普通酒が売れなくなり、二〇一五年には二千石（一升瓶で20万本）まで落ちていた。37億円あった売上高は十五分の一程度まで減り、当時の負債額は約5億円に達した。

日刊経済通信社の「酒類食品統計月報」によると、二〇一五年の出荷量は「榮川酒造」が福島県内で五位（全国では五十六位）、「花春酒造」が七位（七十七位）だった。

榮川酒造の社長は経営不振に陥った理由を当時、こう説明した。

「普通酒が大きなボリュームを占め、純米酒以上の上級酒への移行が遅れた」

上原浩は二〇〇二年に出版した『いざ、純米酒』で、醸造アルコールを大量に加えたうえで添加物で味を整える「普通酒」について辛辣に、こう批判している。

「昭和三〇年代と現在とを比較すれば、精米歩合は、昔には考えられなかったほど白くなり、安全醸造の意味では酒造技術は格段の進歩を遂げている。だが、（略）本質的な味わいにおいて致命的に欠落しているものがありはしまいか。（略）日本酒本来の爽やかさ、力強さ、熟成の素晴らしさを感じさせる酒が消えていった。（略）消費者の日本酒離れの最大の要因となっていると私は思う。（略）最大の問題は、長い歴史のなかで培われてきた伝統的な技術を軽視し、新技術や、机上の利益率ばかりにしがみついている日本酒業界自身にあると言える」

酒の種類ごとの「製造量」は123頁で触れたが、国税庁の「酒のしおり」によると、昭和六十三酒造年度は日本酒全体の「出荷量」（課税移出数量）の中で普通酒が占める割合は八十七パーセントに達していた。だが、それから約三十年たっても（令和二酒造年度）普通酒は六十六パーセントと、日本酒の半数以上を占めて「主流」の座は変わっていない。

阪神・淡路大震災が影響

飛露喜を造る廣木酒造や寫樂の宮泉銘醸が、純米酒や吟醸酒といった特別の酒で勝負できたのは蔵の規模が比較的小さかったからだ。

廣戸川を造る松崎酒造も松崎祐行《ひろゆき》が実家に戻った二〇〇八年の前、仕込む酒はすべて地元向けの普通酒だった。それが二〇一九年には、松崎が始めた「特別純米酒」の製造量が普通酒の量を上回った。松崎は吟醸酒も普通酒も優劣をつけずに同じ工程で造り、違うのは原料だけだ。普通酒の製造量は変えず、特定名称酒の仕込み量を増やしていった。一升瓶の値段は特別純米が２９７０円（税込。二〇二一年十二月現在）で普通酒よりも千円ほど高い。だが、いまや特別純米が蔵の屋台骨となり、普通酒の製造量は全体の三割にとどまる。

一歩己《いぶき》を造る豊国酒造も震災当時、普通酒が七割近くを占めたが、現在は二割を切る。一歩己も廣戸川も、東京市場だけではなく地元でも純米酒や純米吟醸酒の方が出回るようになった。

ただ、普通酒が飲まれなくなってきたとはいえ、規模が大きな蔵からすれば、そう簡単に軌道修正はできない。その中で見事に切り替えに成功した中堅の酒蔵が福島県にある。

純米酒の「奈良萬《ならまん》」を造る夢心《ゆめごころ》酒造だ。廣木と泉屋の佐藤とで「青学地酒研究会」を発足させた東海林《しょうじ》伸夫が社長を務める会社だ。

奈良萬が誕生したのは一九九八年。福島の酒では飛露喜に続いて東京市場で有名になった。それまでは「夢心」という地元向けの普通酒が中心だった。

「普通酒ではない第二のブランドを造ろう」

実家に戻り、専務になった東海林が言い出すと、営業担当の社員たちは猛反発した。

「専務。純米酒なんて売れない。売れない酒をどう売っていくのか」

東海林は折れなかった。できあがった奈良萬を酒屋に売り込みに行くと、決まって、こう言われた。

「夢心が売れているのに何でわざわざ新しいブランドなんかを立ち上げるんだ」

東海林は社内の反発を退けてまで踏み切った理由を、こう振り返る。

「普通酒が落ち込んだとはいえ、まだ売れている時代だったから突き進めた。失敗しても何とか挽《ばん》回《かい》できると思った。普通酒の需要が完全に落ち込んだ後だったら怖くて新しい投資などできなかった。失敗すれば、すべてが終わりになるのだから」

理由は、もう一つあった。

一九九五年の阪神・淡路大震災だ。

東海林は青山学院大学経営学部を卒業し、社会人二年目だった。早朝に起きた地震をニュースで知ると、早めに会社に向かった。勤め先は東京・京橋にある通称「プロラボ」。プロのカメラマンを相手にフィルムの現像やプリントをする現像会社だ。

蔵元の長男に生まれ、子どものころから周りに「長男は家を継ぐもの」と言われ続けた。小学六年のときにはすでに「将来の夢」が「夢心酒造の社長」だった。蔵の後継者が家業を継ぐ前の修業先は、たいていほかの酒蔵だったり、有名な酒屋だったりする。いまでもコンテストに出品するほどカメラが趣味の東海林は違う選択をした。

二年間だけ、自分で好きなことをやろう。

父親を説得し、好きだった写真の道を選んだ。

阪神・淡路大震災の日、雑誌の編集部から持ち込まれた写真のプリントができあがると、東海林は愕然《がくぜん》とした。高速道路の橋桁が崩壊した光景が写っていた。その年の三月にはオウム真理教によるテロ事件が起きる。カメラマンからは、その事件現場の写真のフィルムを預かった。

別業種にいた二年間に感じ取ったことが三つあった。一つは「時代の変化の速さ」。二つ目は「昨日まで当たり前だったことが、今日続くとは限らない」という時代の不確実性。もう一つは「ネット時代の到来」だ。

プロラボでの経験がなければ、きっと奈良萬は生まれなかっただろう。東海林は、そう思う。

新ブランドを誕生させたのは、実家に戻った三年後だった。

普通酒だけではもたなくなる時代が来ると確信していた東海林は迷わなかった。

酒を卸している飲食店からのツテで、東京の酒屋と取引を始めた。

ある日、「五ケース（三十本）送ってくれ」と注文が来た。あまり経験のない多さに驚いた。奈良萬を発送すると翌朝、再び「五ケース、送ってくれ」と同じ注文が入った。

さすがに間違いだろうと「昨日送りましたよ」と東海林は電話で伝えた。

酒屋の店主は言った。

「いいんだ。送ってくれ」

会社の発送担当の社員も「本当に送っていいんですか」と疑った。その後も注文は続き、三十ケースが二カ月ほどでなくなった。短期間で、そんなに大量の酒が一軒の酒屋でさばけたことは初めてだった。

きっかけさえあれば、チャンスは転がっている。それを、どう引っ張り上げるか。時代の速さについていくには商売にもスピードが必要なんだと、東海林は思い知らされた。

幻の酒にはしない

酒の銘柄のつけ方は、どの蔵も思い入れがある。「奈良萬」もそうだ。東海林の祖先が奈良県出身で、家の屋号（称号）は「奈良屋」だった。代々「萬次郎」を襲名していたことから「奈良」と「萬」の文字を取って「奈良萬」と名づけた。

「いままである『夢心』の名前で純米酒を売り出しても、それまでの普通酒のイメージが強すぎて見向きもされない。東京市場に打って出るには別の銘柄が必要だった。『奈良とかかわりのある酒なの？』と言ってくれる人までいたので、いい名前だと思った」

父の後を継いで社長となった東海林は当時の決断を、そう話す。

スピードは大事だが、勢いで突っ走るのではなく、しっかりと計画を立てて突き進めば、道は開けると疑わなかった。

手本にしたのは新潟の「久保田」の売り方だ。一九八五年に久保田を誕生させた新潟県最大手の「朝日酒造」（長岡市）は普通酒の「朝日山」で有名だった。量産品の朝日山はディスカウント店に流れ、価格破壊が起きた。その苦い経験を踏まえ東京で売れる酒をめざし、新潟醸造試験場長だった嶋悌司《ていじ》を工場長として招き入れた。「東京X」という開発プランを練り、新たに久保田の銘柄を立ち上げた。「販売計画のない店」「後継者を育成していない店」「商品管理ができていない店」などを外し、値引きサービスを一切やらずに限られた酒屋にしか卸さないようにした。

「特約店制度」と言われ、多くの蔵元がまねた。徹底した販売戦略で久保田は一大ブランドを築き上げる。

その経緯がつづられた本を東海林はむさぼるようにして読んだ。

酒屋をまわり、頭を下げて奈良萬を店に置いてもらう営業活動はしなかった。その酒に店主の思い入れがなければ、売上につながらないことは経験上わかっていた。酒屋向けの試飲会があると、積極的に出かけた。「うまい」と評価してくれる店主がいると、営業案内を送った。そうやって奈良萬を扱ってもらう特約店を増やしていった。

夢心酒造がある喜多方市の隣の会津坂下町《あいづばんげまち》に廣木酒造がある。飛露喜はすでに有名銘柄になっていた。飛露喜へのあこがれはあったが、自分に同じことはできない。別の路線を歩もうと、東海林は思った。

「ホームランを打たなくてもヒットでいい。三塁にランナーがいれば、必ず一点が入る。あるいは柔道に例えれば、華やかな重量級ではなく、通の人たちが注目する軽量級を主戦場にしようと、的を絞った」

東海林は、そう話す。

東海林が奈良萬を売り出すことを決めたとき、貫こうと思った初心がある。

入手困難な「幻の酒」には絶対にしないということだった。

「NASA（アメリカ航空宇宙局）の施設みたい」

東海林は自身の酒蔵を、そう表現する。

巨大な設備の制御盤を駆使して酒造りをしている。麹《こうじ》を造るための麴菌は温度が三十度前後で繁殖しやすい。このため、温度と湿度を機械で設定し、センサーで監視する。湿度が高いと、熱風を送り込んで乾燥させる。

麹を造るために杜氏《とうじ》が徹夜しながら温度を確かめるという昔ながらの光景はない。データは杜氏のスマホに届く。醪《もろみ》を発酵させるためのタンクの攪拌《かくはん》も含め、ほとんどの工程が機械化されている。

大量の普通酒を造る目的で備えた機械だったが、安定して高品質の酒を大量に造れるため、大吟醸酒造りでも使っている。

「仕込み量が、どうしても大きくなってしまうため、デメリットは細かな出荷調整ができないこと。大吟醸酒も一回造ると、一升瓶で5千本できあがってしまう。売るのは大変だが、入手困難な酒にはならない。『特定の人だけに売るプレミアム酒』にはしたくなかった」

酒屋には「言ってくれれば、いくらでも造ります」と伝えた。

ただ、東海林は、こうも言った。

「酒は生き物なので決してボタンを押して自動的にできあがるものではない。温度を上げるにしても急に上げるのか、ゆっくりと上げるのか。仕上がりの状況を見ながら加減は杜氏が決め、機械を設定する。人の判断抜きに酒は造れない」

奈良萬は誕生から七年後の二〇〇五年、食の月刊誌「ｄａｎｃｙｕ」で鍋料理にいちばん合う「鍋大賞」の酒として取り上げられた。選んだのは酒の専門ライターたちで「年々酒質が向上する注目蔵」と紹介された。

取引がなかった酒屋からも注文が入るようになった。不思議と奈良萬だけではなく、普通酒の「夢心」の引き合いまで増えた。

「ネット情報で口コミが広がり『純米酒がうまいなら、普通酒も当然うまいんだろう』と注文が来た。東京の新橋の安い焼き鳥屋には、やっぱり、安酒の普通酒が合う。そういう店が『普通酒のメインは夢心にしたい』と置いてくれた」

福島が金賞受賞の常連県に

二〇二二年五月。

令和三酒造年度（二〇二一年七月〜二〇二二年六月）の全国新酒鑑評会の結果が発表された。選ばれた金賞二百五点のうち十七点が福島県の酒だった。コロナ禍で最終審査の決審が中止になった令和元酒造年度を挟み、都道府県別の金賞受賞数の多さで平成二十四酒造年度からの九連覇を成し遂げた。金賞数は秋田、兵庫両県がともに十三点、新潟、長野両県が各十二点と続いた。

それまでは広島県の五連覇（昭和五十七〜六十一酒造年度）が最長で、福島県は「記録」を更新している。松崎と矢内の酒もそろって金賞に選ばれた。

後ろ盾になっているのは福島県ハイテクプラザ会津若松技術支援センターで、その中心が、これまでも触れてきた醸造・食品科長だった鈴木賢二だ。二〇二二年三月で定年を迎え、現在は県酒造組合の特別顧問と県の日本酒アドバイザーを務める。「日本酒アドバイザー」は、鈴木のために設けられた特別なポストで内堀雅雄知事が委嘱した。原発事故が起きたときの副知事時代から事故対応に当たってきた内堀には、復興の象徴になる「福島の日本酒」を支えたいという気持ちがあった。

鈴木のすごさは何か。

原料の米だけでは発酵しない日本酒は、添加する酵母をどう使いこなすかが杜氏の腕の見せどころだ。酵母には糖分を分解してアルコールを生成することとともに、もう一つの働きがある。アルコールと反応して「香り」を生む。穀物である米には、あまり香りはないので日本酒の香りは酵母から引き出されている。

ある酵母の登場が日本酒の「世界観」そのものを変えた。その酒造りを確立したのが鈴木だった。登場したのは「カプロン酸エチル（通称・カプ）」というバイオ酵母だ。リンゴのような果実味の香りをより強く引き出し、「セルレニン耐性酵母」と呼ばれる。「セルレニン」はノーベル医学生理学賞を受賞した北里大学特別栄誉教授の大村智が一九六七年に発見した抗生物質だ。その発見が日本酒の進化につながった。

「刀による戦いに大砲が持ち込まれたほどの酵母革命だった」

十四代や醸《かも》し人《びと》九平次《くへいじ》とともに日本酒の代表格である飛露喜の造り手、廣木は、そう表現する。華やかな香りが特長で、それまでの酒と比べると、飲み手に強烈な印象を与えた。

魔法のようなその酵母が日本醸造協会から発表されたのは約三十年前だ。酵母に紫外線をあてるなどして突然変異を誘発させ、カプロン酸エチルを大量に出す酵母に変質させたのだ。

「強力な武器」が誕生したものの、すぐに効果が発揮されたわけではない。従来の酵母と比べ、発酵させるのが難しかったからだ。多くの酒蔵が扱いにてこずる中、「必勝の方程式」を築いたのが鈴木だった。

醪を造るとき、発酵タンクに水を加えるのは酵母の発酵を促すためだ、ということは先に触れた。水の量を調整しながら酵母が活動しやすいように操り、ちょうどいい状態で発酵させていく。

だが、この酵母を使うと、うまく発酵させられない杜氏が続出した。

どうしてなのか。理由は、鈴木もわからなかった。

その中で上手に発酵させる杜氏が宮城県にいた。どれだけの量の水を合わせるかは酒造りの「教本」に載っているが、彼は従わなかった。通常のやり方よりも早めに水の量を多くしていた。そのやり方通りに水の量を増やすと、醪の中で、もがき苦しんでいた酵母が伸び伸びと活動するようになった。

これだ！

カギは発酵に必要な水の量だと見抜いた鈴木は、どの蔵も応用できるように「AB直線」と呼ばれる数値モデルを示した。米が、どれだけ溶け、糖化しているかを示す「比重」と「アルコール度数」の二つの数値から発酵の経過を見る一本の直線だ。

その理想直線に近づくように、水を加えて醪を薄くして管理すれば、香りを十分に引き出せる酒ができると、鈴木はいろんな場で訴えた。

もう二十年以上も前の話だ。

ただ、造り手たちの慣習が壁となった。

「濃い醪を造って、それを大量の醸造アルコールで薄めることで、ちょうどいいあんばいの酒に仕立てるというのが、それまでの杜氏の腕の見せどころだった。『大量消費』『大量生産』の時代の名残だ。『最初から薄い醪を造れ』と言われても、いままでの造り方とは逆なので、そう簡単には対応してもらえなかった」

鈴木は、そう話す。

ベテランの域に達している廣木ですら自身の経験を踏まえて、こう言う。

「人が慣習を超えるのは容易ではない。燗酒で飲まれることを意識して吟醸酒を造ったとき、自分もそうだった。燗酒した時にまろやかな酒にするために、醪の発酵温度を通常よりも上げようとした。発酵温度が高いと、発酵がより進み、酸が出て燗酒に合うからだ。ただ、頭ではそれがわかっていても、発酵温度を上げることに、なかなか踏み切れなかった。いい酒にするには低温で発酵させるという習わしが体に染みついているからだ」

「越乃寒梅」の時代

鈴木は一九六一年に、福島県の内陸部にある三春町《みはるまち》で生まれた。樹齢千年超とされる国指定天然記念物の滝桜で有名な町だ。満開の時期には毎年テレビで中継される。

岩手大学農学部農芸化学科に入学し、寮生活時代に日本酒を飲むようになった。子どものころから三度の食事も面倒で肉も食べられない偏食だったが、酒を飲み始めると直った。卒業後、福島県の職員になった。配属先は会津若松にある福島県ハイテクプラザの前身である工業試験場の食品化学科だった。

研究テーマは味噌《みそ》と醬油《しょうゆ》で、隣が醸造科だった。一九九三年に食品化学科と醸造科が統合されて醸造食品科（当時）となり、酒も担当するようになった。三十歳をすぎていた。

微生物学的に酒が、どうできるかは理解していたが、実際の酒造りは知らなかった。酒にとって、よくない臭いや味を利きわける「利き酒」の訓練を最初にさせられた。欠点がある酒はどこにでも出まわっている時代だったため、酒好きの鈴木にはすぐにわかった。

名杜氏がいる地元の蔵に住み込ませてもらい、酒造りを学んだ。

ある人物との出会いが転機になった。

県内で催した勉強会に講師として招いた新潟県醸造試験場の元場長、廣井忠夫だ。

全国新酒鑑評会で新潟県勢が平成九酒造年度から四連覇を達成して「地酒王国」を築いた立役者だ。廣井から、醪を低温で仕込む重要さを教わった。

「新潟のそのころの吟醸酒は先進的で国内で抜きん出ていた。米をより磨き、夏場も蔵をエアコンで冷やして香りのきれいな酒を造っていた。酒処《さけどころ》の灘《なだ》や伏見の酒と値段は変わらないのにコストをかけ、いい酒を造っていた。売れるのは当然だった」

鈴木は、そう話す。

一方、そのころの福島県の大半の吟醸酒は廣井が推奨する造りとは逆でアルコール度数が高く、濃くて重い酒を造り、それを活性炭で濾過することで軽くしていた。

売れるはずがなかった。どの店に行っても「福島には、うまい酒がないねえ」と言われ、仕事上つらかった。

吟醸酒は、酵母が発酵できる「ぎりぎりの低温」を維持することで酵母から「雑味のない、いい香り」がはなたれる。鈴木は県内の杜氏たちに「炭でこす時代ではもうない」と廣井のやり方を広めようとしたが、相手にしてもらえなかった。

新潟県勢の躍進ぶりを前に鈴木は初め「二番手を目標にしよう」と思っていた。

最大の酒処は、いまも昔も兵庫県の灘、京都府の伏見であることに変わりはない。灘の「白鶴《はくつる》」「大関《おおぜき》」「日本盛《にほんさかり》」「菊正宗《きくまさむね》」、伏見の「月桂冠《げっけいかん》」「松竹梅《しょうちくばい》」「黄桜《きざくら》」といった有名銘柄を造る「ナショナルブランド」と呼ばれる大企業は別格の存在だ。

大多数の中小の酒蔵が町工場とすれば、大手の酒蔵は世界企業のトヨタのような存在だ。ナショナルブランドの酒は身近なスーパーで手ごろな価格で買うことができ、安定して酒を提供し続けてきた。海外への輸出量も桁違いだ。

そのナショナルブランドに対し「越乃寒梅《こしのかんばい》」という酒の登場で「地酒」というジャンルを築き上げたのが新潟県だった。

一九五五年から一九九七年まで続いた「酒」という雑誌がある。編集長だった佐々木久子（故人）が「幻の酒」として取り上げたことで越乃寒梅は人気を博したと言われている。

人気エッセイストだった佐々木は自著の『酒縁歳時記』に、こう記した。

「このお酒が、まず、さわりなく水の如くに飲め、喉《のど》をこして暫くすると、えもいわれぬ旨さが戻ってくるのに感動した。／さらに驚いたことには、酔後の、あの日本酒特有の熟柿臭《じゅくしくさ》い臭いが全くないのである。／日本酒好きな多くの人たちが、異口同音にいうことは、日本酒はとてもおいしいのだが、あの熟柿の臭いが嫌でね……、と敬遠球を投げつけてくることであった」

熟柿の臭いがない理由を、米をより精米していることと、県内の良水を探し、たぐいまれな伏流水をくみ上げることに成功したことにあると、佐々木は説明している。

地酒ブームの先鞭をつけた越乃寒梅は入手が難しく、まさに「幻の酒」と言われた。甘っとろい、それまでの酒と違い、淡麗な味わいが受け入れられた。

一人の杜氏がマニュアルを評価

後に福島県の若手の造り手たちのバイブルになった「福島流吟醸酒製造マニュアル」という指南書を鈴木が完成させたのは二〇〇二年だ。ハイテクプラザの職場の上司は最初、作成に後ろ向きだった。

「すすめた通りに酒造りをして金賞を取れなかったら、どう責任を取るんだ」

多くの蔵元も「マニュアルで酒造りなんか、できるものか」と冷ややかだった。

そのマニュアルを高く評価してくれた杜氏が福島県内に一人だけいた。

「この通りに造れば、いい酒ができる」

後に「現代の名工」の表彰を受け、黄綬褒章も受章した会津杜氏の佐藤寿一《じゅいち》だ。県内の造り手たちが集う場で佐藤が評価してくれた。佐藤は、鈴木が提唱した通りに、カプロン酸エチル系の酵母を使って見事な酒を造った。

それまで冷ややかだった蔵元たちの態度が変わり、鈴木流の酒造りの方法は県内に広がった。マニュアル配布から四年後の平成十七酒造年度の全国新酒鑑評会で福島勢は二十三の酒が金賞を得て「全国一」となった。

自分たちの酒でも、あの新潟を超えられるんだ。

「十一月と一月に、まったく同じ仕込みの配合でそれぞれ酒を造っても同じ酒にはならない。一月に造る酒の方がはるかにいいものができる。一月は外気温が低く、ふかした米を冷たくできる。そうすると、米が溶けるのが抑えられ、低温でゆっくりと発酵する。甘みがきれいで、きめ細かな酒になる。十一月だと外気が一月ほど低くないため、米をそこまで冷やすことができない。日本酒は自然が相手なので難しい。でも、難しいから面白い」

鈴木は、そう話す。

「公務員」という枠を超え、自分の考えをはっきり伝えるようになったのには理由がある。ハイテクプラザで日本酒を担当し、各地の南部杜氏が集まる勉強会で講演をしたことがあった。話を終えると、同じ福島県の杜氏が食ってかかってきた。

「『ああいう手法があります、こういう手法もあります』。そんな話を聞きにきたんじゃない。どうしたら、いい酒ができるのか、あんたの考えを聞きたいんだ。間違っていてもいい。自分なら、どうするか。それを言わないのなら何のための講演なんだ」

みんな必死にいい酒を造ろうとしている。杜氏たちと同じ真剣さと緊張感が自分にあったのか。その日をきっかけに鈴木は変わった。

鈴木は吟醸酒マニュアルを毎年、酒造りの時期が始まる前に県内の蔵元に配っている。手元でいつも参照できるようにとA4判二枚だ。

廣戸川を造る松崎祐行も常に目に入るようにと、自分の机の横に貼っている。

麹を造るときの米の吸水率は「二十八〜三十パーセント」といったように各工程での具体的な数値目標を示している。麹の水分が多いと、微生物が悪さをして「4VG(4-ビニルグアイアコール)」が出やすいため、その吸水率にした。4VGは燻製《くんせい》のような臭いで「せっかくの吟醸香を台無しにする悪臭だ」として鈴木が徹底して排している。

マニュアルの中身は、その年の米の状態に合わせ、年ごとに変える。

日本酒はワインの世界ほど評価の文化が築かれていない。うまさよりも酔いさえすればいい、という時代が長く続いてきたからだろう。

鈴木が提唱し、カプロン酸エチルの香りを引き出した「甘みがあり、フレッシュで軽快で膨らみのある酒」は全国新酒鑑評会の金賞受賞酒の定番になった。

会津若松市で「会津娘」を造る高橋亘《わたる》は全国新酒鑑評会の審査員を務めたことがある。その高橋は言う。

「人の好みは分かれるし、流行は時代ごとに変わる。『いい酒』の明確な評価基準は定まっていなかったため、金賞に選ばれた酒に対し『これで金賞なの?』と疑問が出る一方で『どうしてこれが金賞に入らないの?』という酒もあった。鈴木流の酒は、その中で万人が認めるゴールになった」

廣木は、別の効用も挙げる。

「杜氏たちが難解な文語体を話すことで自分たちの領域を守ってきた世界があったが、鈴木さんが誰でもわかる平易な口語体でしゃべり出したことによって酒造りのハードルが低くなった。『自分でも世の中に通用する酒が造れるんだ』と『市民権』を与えられた各地の若い造り手たちが、うまい酒を造れるようになった。甘みのあるフルーティーな香りの酒に、これまで日本酒を毛嫌いしていた女性もひかれ、日本酒のマーケットが一気に広がった。日本酒の仕事にかかわる人たちすべてが感謝すべき功績だ」

「香りが強い酒は料理に合わない」と批判する造り手たちもいたが、日本酒の飲まれ方が変わり、時代を動かした。宴会で一升瓶が並ぶ光景から、ひと口飲んでうまい酒を楽しむグラス飲みが日常になった。食事の引き立て役だった酒が主役の座に躍り出たのだ。

酒造り自体も劇的に変わった。

それまでは蔵人《くらびと》たちが寝る間を惜しみ、職人技で細い道を通りながら香りや甘みを引き出していたのが、新しいバイオ酵母が席巻してしまった。

ある造り手は、こう言う。

「山田錦が『酒米の王者』と言われるのはスイートスポットが広く、誰が造っても『いい酒』ができるからだ。全国新酒鑑評会の出品酒となると、ほとんどが山田錦を用いた。ほかの酒米だと、スイートスポットは狭く、野球のバットでホームランを打つように、よほど上手に造らないと金賞を取るのは容易ではない。それがバイオ酵母の出現で山田錦でなくても戦えるようになった。新しい酵母を、どう使いこなすかに酒造りの力点が移った」

鈴木は福島県ハイテクプラザを退いた後も他県の大手酒造メーカーや酒造組合から「鑑評会で金賞を取るには、どうしたらいいか」と相談が絶えない。製造マニュアルは求められれば、誰にでも渡しているのに県外の蔵元から、こんな感謝もされる。

「福島県の蔵に配っている先生の極秘マニュアルをうちも入手し、おかげさまで金賞を取らせてもらいました」

麻薬の酵母

もともと、いまの日本酒は「日本酒史上で最高のレベルにある」と言われていた。

精米機の発達で、雑味を減らすために米の中心にある心白《しんぱく》だけを残して精米ができるようになった。球形にしか削れなかった玄米を扁平《へんぺい》にしたままの形でも削れる。瓶に詰めた酒が劣化しないように、常温にさらさずにクール便で冷蔵のまま飲み手のもとまで届けられるようにもなった。

そこに加わったのがバイオ酵母だった。

鈴木は言う。

「酒造りには決まりごとがたくさんある。でも、カプ系の酵母をうまく使いこなしていた宮城県の杜氏の仕事ぶりに『決まりごとは壊しちゃってもいいんだ。むしろ壊さないと、物事は進まない』

ということを学んだ」

だが、廣木は鈴木の功績を高く評価しつつも、こう投げかける。

「この甘い酒を、歴史がどう評価するか。鈴木さんは悪者になる可能性もある」

カプ系の酒のインパクトがありすぎるため、世の中に似た酒があふれ、さらなる酒の進化を阻んではいないのか、との問いかけだ。

国税庁は市販酒を抽出し、酒の成分を毎年分析している。吟醸酒のカプロン酸エチルの香気成分は増加傾向にあり、二十年前と比べると、三倍近くにまでになっている。

宮城県石巻市で「日高見《ひたかみ》」を造る平井孝浩は言う。

「カプは麻薬だ。その甘さを飲み手が知ってしまったので、ほかのどんな酒を造っても、もの足りないと思われてしまう気がする。カプを使わない辛口の酒を蔵で新しく売り出そうとしたとき、わかってくれる飲み手が本当にいるんだろうかと不安になった」

「特別な酒」である出品酒とは別に、市販酒ではカプ系以外の酵母を使って酒造りをする蔵も多い。カプ系の酵母は造りたてや保管状態がよければいい香りを保てるが、時間がたつと、味が崩れやすいという欠点がある。いい状態で飲めば究極の酒を味わえるが、飲食店で一升瓶の栓を開けて何カ月もたったような状況だと、劣化が進んでいる可能性が高い。

よくも悪くも二面性を持つ酵母だ。

廣木も、すぐにはける吟醸酒と純米大吟醸で用いてはいるが、定番酒である「飛露喜　特別純米」には使っていない。

だが、鈴木の答えは明快だ。

「酒造りに大切なのは独創性。『酒屋万流《さかやばんりゅう》』という言葉がある。各酒蔵が自分流を貫き、うまい酒を造ればいい」

国税庁の「日本の伝統的なこうじ菌を使った酒造り」調査報告によると、日本酒の原型と言える米麴を使った酒造りの最初の記載は、奈良時代の「播磨国風土記」(七一六年)にある。平安時代に入ると、酒造りは朝廷の役所である造酒司《さけのつかさ》が中心になって行われるようになった。平安時代中期に律令の施行細則をまとめた法典で国宝にもなっている「延喜式《えんぎしき》」には、宮中で造られた酒の製造方法が書かれている。だが、貴族同士の争いが増えて国が混乱する中で、造酒司で働いていた技術者たちが流出し、酒造りは市中の酒屋や権力を持つ寺院や神社でも行われるようになる。室町時代の一四二五年には平安京の洛中・洛外の酒屋の数は三百四十二軒に達していたという文献が京都北野神社に残されている。酒屋は借金の取り立てや財産自衛のために用心棒たちを雇っていたという。酒造りはさらに進化し、南北朝から室町初期の酒造りの覚書が記された「御酒之日記《ごしゅのにっき》」には、醪を三回にわけて仕込む現代の「三段仕込み」の原型とされる醸造方法が記されている。

鈴木は言う。

「三段仕込みを考えた人は本当にすごい。そのやり方をすれば間違いなく発酵し、酒ができる。私が担ったのは、はやりの酵母で失敗せずにいい酒を造る手助けをした程度。太刀打ちできない」

日本酒の「神」

鈴木の評価を、さらに高めたのは平成二十六酒造年度の全国新酒鑑評会だった。

地元の会津の酒屋たちで作る会の会報に「予言者」と書かれた。「今年は完全に米が溶けますよ」と事前に予測した通りになったからだ。

家庭で米を炊いて食べている分にはなかなか感じられないが、米は毎年気候によって硬さが変わり、酒造りに大きな影響を与える。水に溶けやすいか溶けにくいかで酒造りの仕方が変わってくるからだ。

米、麹、酒母、水をタンクに入れて発酵させる醪造りの工程で、米が通常よりも溶けすぎると、糖が多くなってしまう。「餌」である糖を酵母が食べることによってアルコールができるが、溶けすぎてしまうと、酵母が身動きを取れなくなり、雑味につながる。多くの杜氏たちが「その加減が酒造りでいちばん難しい」と話す。

米が作られるときの「稲が出穂《しゅっすい》してからの四週間の平均気温」で米の溶け具合は変わる。気温が高いと米は溶けにくく、低いと溶けやすい。

全国新酒鑑評会を主催している酒類総合研究所が、酒造りの目安として夏の気温をもとに米の種類や地域別に「平年」や「昨年」と比べて米が溶けやすいかどうかの予測を毎年発表している。すでに仕込みに入っている酒蔵もあるため、鈴木は県内の蔵元たちを一堂に集めた十二月に作戦会議を開いた。

「今年はどんな米も溶ける」

その年は冷夏だった。酵母の活動を促すために仕込み水の量を増やすことが何より重要だと説いた。

予測は的中し、その年の全国新酒鑑評会で県内の二十四の酒が金賞に選ばれ三年連続の「日本一」を達成した。

「『こんなに水を入れて大丈夫なのか。これまでの経験ではありえない』と杜氏が途中で(水やりを)やめてしまった蔵の酒はだめだった」

鈴木は、そう振り返る。

福島県内の蔵元たちが「金取り会」と呼ぶ勉強会がある。

正式名称は「高品質清酒研究会」。一九九五年に始まった。

全国新酒鑑評会への出品時期は例年三月下旬だが、審査員が金賞を審査する決審は五月半ばと二カ月近く期間が空く。その間、十二度という常温で出品酒は保管される。出品時に自信のでき栄えだったはずの酒から香りが消え、味も重たくなり「こんなはずじゃなかった」と酒質が崩れることもある。

そのため、自前の勉強会として鑑評会に出品したのと同じ酒をもう一本用意し、福島県ハイテクプラザで同じ条件で保管した。決審と同じ日に蔵元たちが集まり、班ごとにわかれて利き酒をし合った。他の酒と比べることで自分が造った酒の欠点がわかった。なぜ劣っているのかを学ぶことが次の酒造りに生きる。全国新酒鑑評会だけでなく、東北や福島県の鑑評会への出品酒でも実施し、年に四回、蔵元や杜氏たちが集まる。

「昔の酒造りは杜氏の経験則がすべてだった。だが、確かな勘もときには間違う。経験に科学的な根拠を加えれば、よりいい酒ができるのは間違いない」

鈴木は、そう確信している。

多くの蔵元が鈴木に信頼を寄せるのは高い技術力に期待するからだけではない。

廣木にはこんな苦い体験がある。

酒造りを始めて間もないころ、酒を仕込んでいるときの醪の成分を福島県ハイテクプラザに持ち込んで調べてもらおうとした。ところが、担当者に「そんなの調べる必要あるのか」と鼻で笑われた。名杜氏たちには向き合うが、まだ若い廣木を相手にしなかったのだ。

廣木にとっては、そのときの反発心がその後の酒造りのエネルギーになった。

その担当者は鈴木の上司だった。その場に偶然、鈴木も居合わせた。

造り手に優劣はない。自分はどの声にも、しっかりと耳を傾けよう。

鈴木は、そのときに思った。

出勤前の朝は愛犬のラブラドルレトリーバーとの散歩が日課だったが、その時間も「やつは、ちゃんと仕込めているのだろうか」と酒造りのことが頭から離れなかった。

廣木は、こう話す。

「鈴木さんは深夜だろうが、朝方だろうが、いつも携帯電話に出て若手の造り手たちの相談に乗ってくれた。しかも福島だけでなく誰からの問い合わせにも親身に応じた」

鈴木は県外の蔵元たちからも「日本酒の神」と慕われる。

定年退職する際、海外からも酒造りにかかわってほしいというオファーがあった。だが、断った。

福島の人たちのおかげで自分のいまがある。

二〇二三年。全国新酒鑑評会の十連覇をめざす。

第五章　東北の躍進

仙台日本酒サミット

「十四代」は最も入手しづらい日本酒だ。一九九四年に誕生して以来、三十年近く、ナンバーワンの地位を保っている。あまりの人気で売り場に並んでいることはないし、ネット上では正規ではない流出品が定価の十倍以上の値段で取り引きされる。

造り手は、どんな思いを込めて十四代を造り続けているのか。

蔵元の高木酒造の社長、高木顕統《あきつな》は言う。

「伝統的な技はあるが、伝統的な酒というのはない。その年ごとの作品だ。十四代も最初はもっと重い酒だった。年をへるごとに少しずつ甘さもアルコール度数も抑えている。我々蔵元は伝統文化を背負っているので、そもそも身の丈を超えて、そんなに量を造ってはいけないんだと思う」

高木は、世界を常に意識している。フランスからシャンパンの醸造家が「参考にさせてほしい」と山形県村上市にある高木の蔵を見学に訪れることもある。

「次の世代に日本酒の王道を伝えていかないと、シャンパンの文化には勝てない」

高木は、そう話す。

徹底しているのは酒造りの基本だ。例えば、仕込みの時期については、こうだ。

「昔から『寒造り』と言うように雪が降って塵《ちり》が下に落ち、きれいな空気のもとで造る酒がいちばんだ。どんなに空調設備を整えても自然の環境には勝てない。冬から外れた十月と四月に造る酒は落ちる」

その髙木が、かつて加わっていた仲間内の勉強会がある。

二〇〇二年から「仙台日本酒サミット」と名前を変えて続いている。

仙台市太白《たいはく》区にある酒屋のカネタケ青木商店と取引のある蔵元たちが集まって酒談議をする会だったが、参加者が年々増え、場所を仙台市のイベント会場に移した。

二〇一四年七月に催された仙台日本酒サミットには、東北六県の三十八の蔵元と東北以外の十五都府県の二十六の蔵元と全国の九十の有名酒屋が集まった。

東北以外は栃木県の「鳳凰美田《ほうおうびでん》」「仙禽《せんきん》」「大那《だいな》」「澤姫」「四季桜」、茨城県の「来福」「渡舟《わたりぶね》」、新潟県の「鶴齢《かくれい》」、東京都の「屋守《おくのかみ》」、神奈川県の「いづみ橋」「天青《てんせい》」、愛媛県の「石鎚《いしづち》」、石川県の「天狗舞」「手取川」「奥能登の白菊《しらぎく》」、岐阜県の「長良川」、京都府の「蒼空《そうくう》」、滋賀県の「七本槍《しちほんやり》」、和歌山県の「紀土《きっど》」、広島県の「宝剣《ほうけん》」「雨後の月」「天寶一《てんぽういち》」「賀茂金秀《かもきんしゅう》」、山口県の「貴《たか》」など、そうそうたる蔵がそろった。

みな力試しにやって来る。三重県名張市で「而今《じこん》」を造る大西唯克《ただよし》も、その一人だ。

「自分の酒の欠点をみんなの前で発表されると、プライドがくすぐられる」

麹《こうじ》造りが不十分なときに生じるオフ・フレーバー（欠陥臭）の「４ＶＧ」も、大西はここで知った。東北の造り手たちが徹底して排除する、酒の欠点だ。

二〇一四年のときの会の代表は「田酒《でんしゅ》」を造る西田酒造店（青森市）の西田司《つかさ》で、その年の幹事長を務めたのが「奈良萬《ならまん》」の東海林《しょうじ》伸夫だった。

「自分たちが造った酒が感じた通りに評価されるのか。癖があったり、変な香りがあったりしないか。それを勉強するのが、この会の目的だ」

壇上からマイクを使って西田は、そう訴えた。

蔵元が事前に送った3千円前後の市販酒を、銘柄を隠して参加者全員で利き酒をし、得点で順位を競う。実績のない蔵は加われず、廣戸川《ひろとがわ》を造る松崎祐行《ひろゆき》も造り始めのころは「まだ早い」と参加できなかった。

会のいちばんの呼び物は辛口の講評だ。出品されたすべての酒について、二人の講評役が順に評価していく。

「残念ながら味にアミノ酸が多く、香りもカスっぽい。醪《もろみ》の後半に切れが悪かったのでしょう。活性炭をかけて仕上げているが、後味がくどい。よって四点」

一点が最高点で五点が最低点だ。日本酒にはアミノ酸が含まれ、それがうまみになるが、この純米吟醸酒ではアミノ酸が出すぎてしまったため、軽快さに欠ける酒になったというのが講評役の指摘だった。醪造りの工程で発酵がうまく進まなかったのが原因と考えられ、味のくどさを減らそうと仕上げの際に活性炭で濾過《ろか》したが、くどさを消しきれなかったという意味だった。

同じ酒に対し、もう一人の講評役が続けた。

「私も同じような印象。酵母がくたびれてしまって、その香りが絡んでいる」

講評役を務めたのは、地元の宮城県産業技術総合センターの上席主任研究員（現在は県食産業振興課技術副参事兼総括技術補佐）の橋本建哉と福島県ハイテクプラザの醸造・食品科長だった鈴木賢二だ。二人の利き酒能力は定評がある。例えば、鈴木の場合は、こうだ。以前、福島県喜多方市で県外の蔵元も招いた「酒の会」が開かれたとき、県外の蔵元が持ってきた酒を鈴木が飲むと「これ水道水を使っているだろう」と、すぐさま指摘した。若い蔵元が「わかりましたか」と、ばつが悪そうな顔をすると、鈴木は「だめだよ、いい水を使わないと」と釘を刺した。

橋本と鈴木は、会に参加した多くの造り手たちと顔なじみだが、誰の酒なのかわからない中で評価するため、指摘は容赦ない。

ある純米酒では、鈴木が「香りが硫黄臭い。ゴム臭がある。四点」と言うと、橋本はもっと厳しかった。

「華やかで、きれいな酒だが、私も臭いが気になる。それを残したまま商品にするのは、どうなんでしょうか。五点です」

この酒を商品として売っていいのか、という厳しい指摘だった。

「まとまりはあるが、これを造ろうとして造ったんじゃなく、偶然が重なってこういう酒になったのが見え見え」

「造りが上手ではなく、中途半端」

「凡な酒。個性がない」

会場の出席者には誰の酒が講評されているのか知らされているので、厳しい指摘のたびに会場からは「おー」と、うなり声が上がった。酷評された蔵元はみな顔をしかめた。自分の酒への指摘を、ひと言も漏らさないように急いでメモする造り手もいた。

二人がすべての酒を講評するのに一時間かかった。研鑽《けんさん》の場、そのものだった。

橋本と鈴木が、そろって最高点の一点をつけたのは出品された六十四本の中で八本だけだった。

「ここにはよりいい酒を自分で造りたい、という志の高い人だけが集まっている」

西田は、そう話した。

鈴木は言う。

「この勉強会で評価が低いといっても国内全体で見れば、どれも上質な酒だ。課題を指摘された蔵は次の年には必ずもっといい酒を造ってくる」

勉強会のきっかけは、三十年ほど前にさかのぼる。カネタケ青木商店の敷地にあった倉庫の二階に「十四代」の髙木、「田酒」の西田、「南部美人」の久慈浩介、「浦霞」の佐浦弘一、「日高見《ひたかみ》」の平井孝浩らが二、三カ月おきに集まっていた。呼びかけたのは青木商店の先代、故青木智之（二〇一五年に六十九歳で死去）だ。メンバーの多くはまだ独身で酒談議は明け方まで続き、そのまま倉庫の八畳間に雑魚寝《ざこね》していた。彼らの間では「吟遊館」と呼ばれていた。手塚治虫や赤塚不二夫、石ノ森章太郎らが青春時代に過ごしたトキワ荘のような存在だった。

青木は酒屋を営む前、雑貨屋だった。米でも酒でも、販売業として何か極める分野を持ちたいと思っていたとき、東京で催される酒の勉強会の小さな案内を雑誌で見つけた。「宮川会」と言って、いまは存続していないが、各地の有力な地酒屋の集まりだった。青木は地酒を扱い始めても、なかなか売れなかったが、東北の若手たちの面倒をよくみた。

ある日、青木が提案した。

「みんなで酒を持ち寄り、利き酒をしよう。専門の先生を呼んで評価してもらおう」

最初は秋保《あきう》温泉の宿で始め、希望者が増えて人が入りきれなくなると、場所を宮城県酒造組合の会議室に変え、さらにもっと広いイベント会場に行き着いた。

かつての宮川会に属し、吟遊館からのメンバーである福島県郡山市の酒屋、泉屋の二代目、佐藤広隆は言う。

「酒の評価はわかれても、みんなで利き酒をし、造り手と酒屋が共通言語で会話できる『物差し』を作りたかった。蔵元は蔵元だけ、酒屋は酒屋だけの勉強会はあるが、両者が一緒になって日本酒の未来を語る場を築きたかった」

父の隆三の仕事ぶりが、その行動のもとになっている。

「花火を一発上げただけでは、きれいには見えない。みんなが何発も次々と上げるから感動を呼ぶ。志がある仲間を増やさないとだめだ」

隆三から、そう教わった。

仙台日本酒サミットとは別に、佐藤は「ヒロタカ塾」という個人的な勉強会を二〇一二年から続けている。而今の大西から、こう求められた。

「十四代や飛露喜のすごさを知りたい。一番間近で見てきた立場から、それを教えてほしい」

秋田県五城目町《ごじょうめ》で「一白水成《いっぱくすいせい》」を造る渡邉康衛《こうえい》、「七本槍」の冨田泰伸、「貴《たか》」の永山貴博も加わった四人で、十四代や焼酎の黒木本店の蔵を見学し、飛露喜の廣木健司や田酒の西田も講師役として加わる。

その会で佐藤が大西たちに真っ先に求めたことは、製造石数の増量だった。はせがわ酒店の長谷川浩一が廣木に求めたのと同じ話だ。大西の蔵は、まだ四百石ほどだった。

「千石をめざしましょう」

佐藤は繰り返し、大西に求めた。

日本酒のレベルは上がり、蔵に最低限必要な設備を整えないと、酒質を上げられず「決勝」にも進めない。そういう時代に入っていた。設備に毎年投資していくには、酒蔵としては中規模以上の千石程度を製造できる経営規模まで大きくしないと難しいというのが佐藤の持論だった。

それから十年で千三百石まで増やした大西は、こう振り返る。

「当時は、その規模でいいと思っていた。少量だけど、いい酒を造り、それを喜んでくれる人たちに届けられれば十分だと。でも、四百石と千三百石では見える世界が違った。意識の高い、いろんな酒屋さんやお客さんに会うことができ、視野が広がった。酒質は間違いなく上がり、蔵のスタッフも増えた。世界にも出て行けた。四百石のままだったらマニアックなサブカル（サブカルチャー）のような酒で終わっていた。過去の自分が目の前にいたら『うじうじ考えず、早く前に進め』と声を上げて言いたい」

仙台日本酒サミットの開催地を「全国から人が集まるのだから、東京でやったらいい」という根強い要望もある。でも、「仙台」という東北の地だから開催する意味があると、佐藤は思う。

二〇二二年七月十二日。コロナ禍で中断が続いていたが、三年ぶりに開催にこぎつけた。七十九の酒蔵と三十三都道府県から酒屋が集まった。

会の代表を務めたのは「新政《あらまさ》」の佐藤祐輔だった。

「作戦会議」が成功

全国新酒鑑評会では福島県の酒の躍進が続いているが、地域別に見ると、東北の「一人勝ち」状態になっている。この十年で最高位の金賞を受賞した酒のうち、三分の一は東北六県の銘柄だ。

平成二十八酒造年度の全国新酒鑑評会では、宮城県の蔵元たちが偉業を成し遂げた。出品した二十三点のうち、九割近い二十点が金賞に選ばれたのだ。

酒蔵の数は県によって、だいぶ異なる。「金賞受賞数の多さ」で一位を競うと、蔵が多い県が当然ながら優位になる。国税庁の「酒類製造業及び酒類卸売業の概況（令和三年調査分）」によると、酒造りをしていると回答した事業者は東北六県だと、青森には十六、岩手には十七、宮城には三十、秋田には二十八、山形には四十九、福島には五十八あった。酒蔵の多くない県にとって実績になるのは金賞受賞の「多さ」ではなく「率」だ。

「こんなに高い受賞率はもう出ないだろう」

宮城県の突出した成績に他県の日本酒関係者たちはうなった。

立役者となったのが、仙台日本酒サミットで講評役を務めた橋本だ。

酒造りが始まる冬、県内の杜氏《とうじ》を集めた作戦会議で橋本は檄《げき》を飛ばした。

「今年の酒米はむちゃくちゃ硬い。蒸してから一時間が勝負だ」

それが勝因だった。

その年は夏の気候によって米が硬く、溶けにくかった。炊きたてはいいが、硬くなるのが早いため、翌朝には米がボソボソになってしまう。蒸しあがった米に麹菌を振りかけて繁殖させようとしても米が硬ければ、内部に菌が入りづらく、いい麹ができない恐れがあった。麹の状態が不十分だと、発酵が不安定になり、いい酒にはならない。

橋本が「一時間が勝負だ」と言ったのは「蒸し終わった後、米がまだ軟らかい一時間以内に麹菌を手早く振りかけて米の中に菌を入れ込め」という指示だった。

橋本は宮城県酒造組合の参事、伊藤謙治と分担し、県内の全蔵をまわり、それぞれの酒造りに合わせたアドバイスをした。

「酒造りが難しい年だったから、杜氏たちの腕の見せ合いになった」

橋本は、そう振り返る。

橋本は一九六五年に地元の仙台市で生まれた。東北大学大学院農学研究科博士課程の前期を修了し、宮城県の工業技術センターの職員になった。バブル経済まっさかりのころだった。民間企業の給料が軒並み上がっている中で、なぜ公務員を選んだのか。

大学院の指導教授が工業技術センターの副所長と知り合いだった。センターに醸造部門を新設することになり、副所長が人材探しにやってきた。「君、行きなさい」と教授から声をかけられたのが橋本だった。

　東北の酒造りは、昔にさかのぼると、秋田県が群を抜いていた歴史がある。江戸時代には国内最大の銀山があり、全国から労働者が集まって酒蔵が繁栄した。

　江戸時代まではどの酒蔵も「蔵つき酵母」という、酒蔵の空気中に漂う酵母を自然に取り込んで酒を造っていた。酒母《しゅぼ》や醪を造るときに飛び散った酵母は酒蔵の床や壁につき、生息している。ただ、自然任せの酒造りは安定せず、ときには悪酒もできてしまう。酒税を確保するため、発酵力の強い酵母を全国に配り、酒造業の近代化に乗り出したのは明治政府だった。

　全国新酒鑑評会が開催される前に全国清酒品評会という競争の場があったことは、すでに記した。技術の向上が目的の全国新酒鑑評会と違い、全国清酒品評会は順位がついた。

　秋田県酒造組合によると、明治四十年に催された第一回全国清酒品評会では県内の二つの酒が入賞し、大正に入ってからも躍進は続いた。戦前の一九三四年にあった第十四回の品評会では首席だけでなく秋田の酒が上位十点中七点を占めて「美酒王国」として全国に名声をとどろかせた。

　全国清酒品評会を催した日本醸造協会は、品評会で高い評価を得た酒の酵母を採取し、培養して販売した。「きょうかい酵母」と呼ばれる。昭和の時代にはやったのが、秋田市にある「新政酒造」の醪から採取した「きょうかい6号」という酵母だった。

　平成に入ると「秋田流花《はな》酵母（AK-1）」という新たな酵母が誕生した。

　この酵母を武器に平成二酒造年度の全国新酒鑑評会では秋田県勢が都道府県別で最も多い二十五

蔵が金賞を受賞した。
橋本が宮城県工業技術センターに入った翌年のことだった。

宮城の純米酒宣言

東北では劣勢だった宮城県の蔵元たちに追い打ちをかけるできごとがあったのは一九九九年だ。米の輸入自由化だ。

宮城県内も、造った酒を大手メーカーに「桶《おけ》売り」することで酒税が免除される未納税の小さな蔵がたくさんあった。自由化によって海外から安い米が入ってくれば、酒米を造っている田んぼが消える恐れがあった。

「どう生き残っていけばいいのか」

経営基盤が弱い小さな酒蔵の経営者たちは頭を痛めた。

「米処《こめどころ》の宮城にはササニシキがある。うまい米で造れば、うまい酒ができる」

そう声を上げた有力者がいた。

「浦霞」を造る県内最大手の酒造会社、佐浦の先代社長だった佐浦茂雄である。宮城県酒造組合の副会長を務めていた。宮城県酒造組合は一九八六年に「みやぎ・純米酒の県宣言」をした。県内の蔵元が足並みをそろえ、地元米を使って純米酒造りを始めた。

そこまでの道のりは容易ではなかった。

純米酒となると、造るのに手間がかかる。尻込みする蔵も少なくなかった。

慶応大学卒の佐浦は、同じ大学出身で県酒造組合会長を務める伊澤平一（「勝山」の醸造元）と、副会長の鈴木和郎《わろう》（「一ノ蔵」の醸造元）とともに鳴子《なるこ》温泉で膝《ひざ》詰め談判し、「全量が無理でもタンク一本から始めよう」と各蔵を口説き落としていった。

橋本は言う。

「宮城は全域が『伊達藩』の一国だったので地域間の対立がなく、垣根がなかったのが幸いした」

純米酒宣言は、全国では例のない取り組みだった。

国税庁の「清酒の製造状況等について」（令和二酒造年度分）を見ると、宮城県内で造られている日本酒の六十五パーセント〔アルコール分二十度換算〕は純米酒だった。吟醸酒なども含めた「特定名称酒」は九十六パーセントにも達し、都道府県では最も高く、質の高さを物語った。

同期三人

橋本は、宮城県酒造組合が純米宣言を出した五年後の一九九一年。中小企業総合事業団（現・中小企業基盤整備機構）が催した半年間の指導員養成研修を受けた。

そこで一緒だったのが、福島県ハイテクプラザの鈴木と岩手県の工業技術センターで酒造りの技術指導を担った米倉裕一だ。

その後、東北の酒を牽引することになる三人は、まだ二十代だった。橋本や鈴木に至っては当時、酒ではなく味噌が研究の対象だった。

宮城県内の二〇一六年の鑑評会で純米吟醸と純米の両部門で一位となった日高見の平井は言う。

「いまは造る酒すべてが出品酒のレベルを求められる。研究機関による分析は欠かせない」

橋本は蔵から麹を持ち帰ると、翌朝の仕込みに間に合うように分析結果を返した。現在はメールで分析結果を送るが、以前は仙台市にある工業技術センターから橋本がＦＡＸしていた。夜になると杜氏たちは晩酌に入ってしまうため、送信するのは翌朝。橋本は「必ず見てください」と大きい文字で書き添えた。

一方、日本三大杜氏集団の一つ、南部杜氏を地元に抱える岩手県の米倉はプライドの高い杜氏たちと信頼関係を築くことに苦労した。

「心が通じ合えば、杜氏といっても、ふつうのおじいさんたちなので何でもしゃべってくれる。『こいつなら話してもいい』と打ち解けてもらうまでが大変だった。岩手には黙って口も聞いてくれない意味の『むんず』という方言があるが、まさに、そうだった」

橋本、鈴木、米倉の同期三人の一世代上に、後に山形県工業技術センターの所長になった小関敏彦がいた。

東北の蔵元たちが一喜一憂する鑑評会がある。毎年秋に仙台市で開かれる東北清酒鑑評会だ。仙台国税局が主催している。全国新酒鑑評会は金賞の中での順位はつかないが、東北清酒鑑評会は吟醸酒と純米酒の部門ごとにナンバーワンの酒が選ばれる。

橋本と鈴木と米倉と小関は常連の審査員だった。審査が終わった夜は懇親会が開かれた。その席で小関は決まって三人を前に、こう口にした。

「オール東北で高め合わないと輝くことはできない。『自分の県だけで』と思っても続かない。順番に一位になればいい。それでいいんだ」

橋本は笑いながら振り返る。

「宴席では酔っ払った小関さんにヘッドロックをかけられながら毎年のように説教された。翌朝になると、まったく覚えていないのに次の年に『オール東北で』と、また同じことを言う」

小関が音頭を取って二〇〇〇年からは東北六県の各研究者たちが毎春、一堂に会し、交流会を続けるようになった。同期三人は小関がけしかけたことで「今年の酒米は、どうだろうか」と日常的に連絡を取り、情報を交換する間柄になった。

三人に続く若手の研究者たちも、その流れをくむ。

岩手県で実用化され、二〇二一年から販売が始まり、全国の酒蔵が注目する麴菌がある。名前は「No.36株」。36は分析上の試験番号だ。日本酒業界の中で、ここ最近の大発見と言われている。

No.36を使った酒は「和三盆の上品な甘さと軽快な後口」が特徴だ。岩手県で造られる大吟醸酒の八割がすでに用いているだけでなく、いまでは全国の八割を超す県で使われている。業者への注文が相次ぎ、増産が追いつかない状態だ。

手がけたのは、岩手県工業技術センターで米倉の後に醸造技術部門を担う入庁十四年目の佐藤稔《なる》英《ひで》だ。

佐藤は酒米の稲の生育を確かめていた二〇一七年に「稲霊《いなだま》」を見つけた。天候不順のときに稲穂につく黒い塊で、初めて目にした。表面をこそげ落とすと、麹菌であるコウジカビが入っていた。稲霊を使った酒造りが明治に実践されていたことを文献で知り、実用化にこぎ着けた。

二〇二二年の岩手県の気候は八月が例年より寒く、九月は逆に暖かいという珍しい気象だった。県内の南側は出穂《しゅっすい》時期が早く、北側は遅い。出穂時期によって米の硬さが変わるため、佐藤は、酒蔵がそれぞれ作る仕込み計画と、長年かけてつかんだ蔵ごとの「蔵癖」を頭に入れながら「洗米時の吸水を二パーセント減らした方がいい」などと個別に助言した。

佐藤のもとには福島の鈴木賢二からも問い合わせの電話が入った。

「福島でも№.36株を用いたいんだけど、どう使ったらいいのかな?」

実際に使いだした酒蔵は福島でも増えている。

「YAMAGATA」ブランド

小関は山形県米沢市に近い、県南部の川西町という小さな町で一九五六年に生まれた。農家の長男で実家では米とブドウを作っていた。新潟大学に進み、微生物の研究をした。大学の教授が発酵と醸造の権威で東京大学応用微生物研究所(現・東京大学定量生命科学研究所)の初代所長を務めた坂口謹一郎の弟子だった。ワインと日本酒に両方携わりたいとメーカーに就職したが続かず、山形県の技術職の採用試験を受けた。配属先はわからなかったが、経歴を考慮されたのか、職場は工業技術センターになった。

一九八七年。ライバル関係にある杜氏たちを集めた「山形県研醸会」という勉強会が発足した。事務局長として牽引したのが小関だった。翌一九八八年には三十二歳の若さで工業技術センターの醸造部門のトップになる。そのころ、山形県の酒は隣県の新潟や秋田に後れを取っていた。

「職場に偉い先生がいたら、何か言われれば『はい』と返事をするしかなかったかもしれないが、たまたま、いなかったのが幸いした。自由に振る舞えた」

小関は、そう振り返る。

岩手県には南部杜氏、秋田県には山内《さんない》杜氏という大きな杜氏集団があり、集団内で情報を共有し、酒造りに生かしていたが、山形県では、そうした交流は盛んではなかった。

杜氏たちは、ほかの蔵の酒をけなし、足の引っ張り合いばかりしている、と小関の目には映った。

「酒を造るのは人。人を育てたかった」

山形県酒造組合の特別顧問として、いまも第一線に立つ小関は、そう話す。

プライドが高い杜氏が多く、同じ地域にある酒蔵同士でも交流は、ほとんどなかった。多くの杜氏の身分は派遣業者のような存在であり、下働きをしながら、ようやく覚えた技なのだから、自分の身を守るために、データを秘匿しようと考えるのは当然だった。

小関は、その垣根を取っ払おうと、勉強会の後に飲み会を重ねた。「酒を試飲したら必ずコメントする。褒めずに欠点を見つける」「製造方法を聞かれたら必ず教える」「酒の悪口は造った本人の前で言う」。三つの決まりごとを蔵元や杜氏たちに徹底させた。

県の酒造組合が中心になり、まずは全国新酒鑑評会の金賞をめざそうと、購入歴のある酒蔵しか扱えなかった高級米の山田錦を県内のすべての酒蔵に配った。吟醸や純米といった高級酒向けに県独自に「出羽燦々《でわさんさん》」という酒米を完成させた。

そうした積み重ねのかいがあって、平成十五酒造年度の全国新酒鑑評会で、山形は金賞受賞数が二十四と全国で最多の県になった。宮城県が「純米酒」で売り出したのに対し、山形県は「吟醸王国」としての地位を築いていった。

小関が情報の共有化を進めたのには、たんに酒質のレベルを上げようということだけではなく、冷静な販売戦略があった。いくらいい酒を造っても、売れて飲んでもらわなければ意味はない。全国新酒鑑評会で東北各県が実績を残すようになったとはいえ、県単位でみれば、わずかだ。一位になった山形でも金賞全体の一割にも届かない。だが、東北六県合わせると四分の一に達した。「東北」というブランドで売れば、必ず注目される。小関には、その確信があった。

二〇一六年には「GI（Geographical Indication）」という国のお墨つきのブランドを認定する制度を使い、山形県内の酒全体でGI「山形」の冠を取得した。地域の優れた産品を保護し、品質の高さを国が保証するという仕組みで、県内で造る日本酒に「山形」という統一名を記して販売ができる。

産地を示した酒でいうと、世界的には「ボルドー」「シャンパン」「スコッチ」などが有名だ。世界を見据え、同じように「YAMAGATA」の名称を前面に押しだして「特別な日本酒」という付加価値を生み出したかった。

GI取得に奔走したのが、山形県酒造組合の会長を務めていた仲野益美《ますみ》だ。天童市にある出羽桜酒造の社長だ。父親の急逝で二〇〇〇年に社長職に就いたときは三十九歳だった。大学時代は世界としのぎを削る商社員にあこがれた。

友人の父親である現役商社員から、こう言われた。

「最終商品を作って世に問う喜びは商社員には得られない。酒蔵には、それができる」

中規模の蔵元として海外にいち早く進出した。

取引先の東京の飲食店がフランス、ドイツ、オランダに店を出すことになり、一九九七年に出羽桜も一緒に海を渡った。その二年後に別ルートでハワイに輸出した。

こんな経緯があった。ホノルルで日本からの移民向けに日本酒を造っていた会社があった。ハワイは気温が高いため、いい酒ができない。らちが明かず、会社の経営者が、全国新酒鑑評会を主催する酒類総合研究所の前身である国の醸造試験所から製造技術者を招いた。

その技術者が経営者にすすめた銘柄の一つが出羽桜だった。酒質の劣化を防ぐため、冷蔵で輸出することになった。一社だけだと輸送費が高くつく。日本酒には飲み比べの楽しさもあり、数をそろえて飲んでもらいたいと、仲野は考えた。出羽桜を含む六銘柄を共同で輸出した。

輸出を本格的に広げていくとき、仲野は米国の業者に言われた。

「ラスベガスにはグラス一杯が数万円の酒がある。出羽桜を、そういう酒にしたいですか。どこで飲んでも値段が同じ酒になれば、米国で日本酒は定着していくはずだ」

仲野自身、日本での日本酒の売られ方に問題があると感じていた。日本酒の消費の多くは飲食店だが、小売価格の何倍もの高い値がついている。仲野のもとには「酒屋に一升瓶を並べないようにしてほしい」と求める飲食店主までいた。客が酒屋で値段を見れば、いかに高い値段で店で飲んでいるかがわかり、客足が遠のいてしまうと、店主は難癖をつけたのだ。

田酒を造る西田も飲食店での値つけには同じ危機感を持つ。

「飲食店には『小売価格の、せめて倍の値段に抑えてほしい』と、いつもお願いしている。三倍、四倍、十倍の値がついた田酒なんて客から注文されなくなる」

「日本酒ブーム」と言われながらも、吟醸酒や純米酒といった特定名称酒の出荷量は、実はそう伸びていない。国税庁の「酒のしおり」によると、平成二十三酒造年度に16・1万キロリットル（日本酒全体の三十五・九パーセント）あった特定名称酒の課税数量（出荷量）は平成二十九酒造年度に18・8万キロリットル（四十四・九パーセント）まで増えたが、翌平成三十酒造年度から減少に転じ、コロナ禍の影響も加わって令和二酒造年度には14・4万キロリットル（三十四・二パーセント）まで落ちた。

東日本大震災と原発事故が起きた翌年の平成二十三年度までの「酒の種類ごとの消費量の割合」は第一章（18頁）で記したが、そこから令和二年度までのシェアの変化を見てみよう。

そもそも九年間で酒全体の消費量自体が八パーセントも落ちた。

首位のビールは三十一・六パーセントから二十二・九パーセントまでシェアを減らした。前述したように落ちた要因は「ビール」には分類されない「第3のビール」の台頭だ。値段の安さから伸びていた発泡酒の酒税が引き上げられたため、発泡酒が九・九パーセントから七・五パーセントに下がり、第3のビールへの移行が進んだ。焼酎も甲類、乙類合わせて十・八パーセントから九・三パーセントに落ちた。

一方、ワインが含まれる果実酒は三・四パーセントから四・四パーセントに、ウイスキー・ブランデーも一・二パーセントから二・二パーセントに増えた。またも伸びたのは、勢いがある第３のビールの多くとチューハイが含まれるリキュールで二十二・〇パーセントから三十二・七パーセントに達した。

七・一パーセントだった日本酒は、さらに五・三パーセントまで落ち込んだ〔３１４頁・図３参照〕。

ただ、ビールとウイスキーでは含まれるアルコール量が相当違うように、単純に消費量で比べると、どの種類の酒が多く飲まれているかという実態とはかけ離れるため、販売金額で見てみる。

酒類ごとの売上金額は国税庁の「酒類製造業及び酒類卸売業の概況（令和三年調査分）」からわかる。輸入して扱う酒も含まれるが、国内の酒類卸売業者の売上金額全体は５兆１１３億円に上った。売上数量ではリキュールが最も多いが、売上金額はビールが１兆２８１２億円（二十五・六パーセント）と最も多かった。次いでリキュールが１兆１４２４億円（二十二・八パーセント）。焼酎は乙類と甲類を合わせると６０６５億円（十二・一パーセント）。３２１０億円（六・四パーセント）の清酒はウイスキーの４２５７億円（八・五パーセント）、果実酒の３８１１億円（七・六パーセント）よりも少なかった。発泡酒は２３４７億円（四・七パーセント）だった〔３１５頁・図４参照〕。

一部の人気銘柄を造る酒蔵は生き残るが、そこまでの特徴を出せない多くの酒蔵は将来的には淘《とう》汰《た》されてしまうのではないか、という危機感を持つ日本酒関係者は多い。

仲野は言う。

「日本酒のシェアが低いのは家庭に入り込めなかったからだ。家庭でパーティーをするときに日本酒は並ばない。贈り物の酒として一般的に用いられるのもワインだ」

仲野がGI取得をめざしたのは「和食」が世界で広がったように、世界で認知され始めた「SAKE」を海外で広げたいと考えたからだった。輸出を増やすために日本酒造組合中央会が設けた海外戦略委員会の委員長に仲野は抜擢《ばってき》された。

仲野たちの輸出がきっかけとなり、米国では二〇〇一年から「全米日本酒歓評会」が毎年催されている。二〇二〇年には五百銘柄以上の日本酒が出品されるまでになった。

財務省の貿易統計によると、日本酒の輸出額は二〇二一年には402億円に上り、十二年連続で前年を上まわった。国内の消費の落ち込みを受け、海外に販路を求める蔵元は増えている〔315頁・図5参照〕。山形県では令和三酒造年度だと、全体の九割近い四十三の酒蔵が輸出している。

仲野は、こう話す。

「日本酒の製造部門には優秀な人材が入る時代になった。うちの蔵にも京都大学や東北大学を出た蔵人がいる。海外への挑戦は社員の夢や誇りにつながる。十四代の髙木さんは『まだまだ、日本で日本酒を広められる余地がある』と言うが、次の世代の後継者たちのためにも我々の世代で海外に門戸を開いておきたい」

レストランでのワインリストが産地ごとに並んでいるように、いつか日本酒も「山形」「福島」「新潟」「灘」といった表示で並べられるようになりたい。日本酒史上、最高レベルの酒を造っている、いまだからこそ、攻めていかなければ。

仲野は、そう思っている。

ワインのような個性を

日本酒の評価はとかく減点主義だ。

癖がなく、いかに欠点のない酒を造るかが造り手にとって大事なこととされてきた。それが日本酒の広がりを妨げているのではないか。「技術自慢」にならず、料理との組み合わせを楽しむワインのように幅を広げるにはどうしたらいいのか。

蔵元たちも模索を始めている。

二〇一七年の仙台日本酒サミットに講師として招かれたのは有名ソムリエだった。フランス料理店「銀座レカン」のシェフソムリエなどを務めた大越基裕《おおごしもとひろ》だ。

この年は七十九本の日本酒が出品され、福島県ハイテクプラザに勤めていた鈴木らが恒例の辛口講評をした後、大越がすべての酒についてコメントした。

ある純米吟醸酒については、こう表現した。

「パイナップル系の香りがした。風味はライトでドライだが、やや緩い感じがした。なので、しっかりとした料理よりも口溶けのいい料理が合う」

日本酒の専門家の評価とは違い、大越は酒が持つ「癖」「欠点」を「個性」ととらえ、その酒にこそ合う料理を挙げていった。

鈴木が「ジアセチル臭がする」と酷評した酒があった。ヨーグルトのような異臭で、酒を搾るタイミングが早すぎると生じることが多い。

その酒を大越は、こう指摘した。

「ジアセチル臭がするという指摘があったが、それをどう生かすか。チーズっぽい味で酸味は高め。チーズに火を入れた料理が合うと思う」

講評はすべての酒に対し、前向きだ。

「酸味があってドライ。骨格はしっかりしているが、渋みが強い。引き締まったタイトな味になりすぎると脂系の料理は難しいが、歯ごたえのあるものだといい。硬い根菜の料理に合わせる」

「穀物的なアロマがある。甘みと重みを持ち、香りが特徴的なので野菜でも肉でも焼いた料理が合う。味に重さがあるから、照り焼きも合う」

減点主義の鈴木らの講評とはまるで違った。

大越によると、世界中のソムリエが日本酒に興味を持ち始めているという。

「流通経路がよくなり、朝採れた新鮮な食材が昼には店で使える。時間のたった素材を覆い隠すための強いバターや料理法が求められなくなってきた。世界中のトップクラスの料理は軽くなってきているので繊細さが特徴の日本酒は合う。日本のフランス料理店でも和食のよさを取り入れ、優しい火入れをしたり、出汁《だし》を使ったりする料理も多くなった」

甘みがあっても酸がのっているタイプだと、多少の甘さがあっても酸味で中和されるので、いまの流れのフランス料理に日本酒は十分合うと、大越は説明した。

ただ、その一方で大越は「日本酒の弱点」も指摘した。

「日本酒は肉がいちばん難しい。脂が多く、かみ応えのある料理に優しく軽い日本酒を合わせても負ける。骨格を強くするか甘くするか。同じ強さの土俵に乗せないと負けてしまう」

大越が指摘したもう一つの弱点はバリエーションの少なさだ。

「フランス料理のフルコース全部を日本酒で、となると飽きが来る。左右に振れる料理なので酒のバリエーションが増えないと合わせられない」

日本酒界の「異端児」

世界に向け、新たな日本酒の姿を切り開いている蔵元が秋田県にいる。秋田市で「新政」を造る佐藤祐輔だ。

福島県の日本酒を支えてきた鈴木が「尊敬する酒の造り手」として真っ先に挙げるのが佐藤だ。鈴木が広めたカプ系の酵母がはやる前、「酢酸イソアミル（通称・酢イソ）」という穏やかな香りを引き出す酵母が主流だった。発酵は旺盛だが、香りを出すことが難しく、どう扱えばいいのか、鈴木もわからなかった。

ところが、佐藤はきれいな酒を造った。

香りを出すために酵母を増やすというのが酒造りの常識だったのに、佐藤は逆に酵母を増やさないやり方で完成させた。

「目から鱗《うろこ》だった。酢イソ系の酒はふつうに造ると酸が出すぎてしまうし、仕込みの後半には余分なアミノ酸も出る。その両方を低く抑えないと、いい酒にはならない。だが、その方法が私にはわからなかった。佐藤祐輔は『酵母が増えるときに酸が出るのだから、酵母を増やさなければいい』と提唱した。酵母を増やすことで発酵を促すというのが、酒造りの基本だったのに『酵母が増えなくても酒はできる』という誰も考えない発想をした」

鈴木は、そう言った。

佐藤は一九七四年生まれ。蔵元の長男ではあるが、継ぐ気はなく、東京大学文学部を卒業した。その後、「週刊朝日」などで記事を書くフリーライターとして活躍した。「磯自慢」を飲んだのをきっかけに日本酒の世界に引き込まれ、三十二歳になった二〇〇七年に実家に戻った。希少価値が高かった大吟醸酒をスーパーで買える時代になっていた。コンピューターで温度制御までできる機械化とバイオ技術の発展で「階段」を全部上り切り、この先のモデルはもうないように思えた。「現代的な酒造りに醍醐《だいご》味は得られない」と佐藤が挑んだのが、温故知新とも言える手法だった。モデルにしたのは、昔の日本酒だ。

酵母は繊細な特徴があるため、雑菌が入り込むと、発酵がうまくいかずに酒にならない場合がある。雑菌の繁殖を抑えるためには、高い酸性環境が必要であることを、バイオテクノロジーがない時代に先人たちが発見した。乳酸菌を多く含む食べ物としてはキムチや鮒寿司《ふなずし》が有名だが、前述した「日本の酒の歴史」によると、自然界に存在する乳酸菌を酒造りに取り込んで酸を発生させ、衛生的な環境を作る手法は室町時代から受け継がれ、江戸時代に確立された。酒造技術は、中国の明との貿易から入ってきたとされるが、室町時代の「御酒之日記」には、炊いたご飯と生の米を一緒に水につけて、まず乳酸発酵を促して酒を仕込んでいたことが記されている。

江戸時代には「生酛《きもと》造り」と呼ばれる技法の原形ができていた。桶の中で蒸し米と麹、水を混ぜ、自然界にある乳酸菌を取り込みながら長い棒を使って、お粥状態になるまですり潰す。手間はかかり、造り手にとっては重労働だったため、人為的に最初から既成の乳酸剤を加える手法が明治四十三年に考案された。そのやり方でも十分うまい酒ができ、酒造りの主流になった。開発者の国立醸造試験所（現・酒類総合研究所）の醸造技師は、その功績で後に紫綬褒章を受章したほどだ。日本酒の品質が安定し、酒造りの現場の労力軽減にもつながり「酒造界の神様」とも評された。

だが、佐藤は「生酛」にこだわった。

東京から蔵に戻ったのは、「純米酒」の価値が注目され始めていたころだった。「三増酒《さんぞうしゅ》」の流れをくんだ醸造アルコールが大量に添加された酒は、次々と純米酒に変わっていった。実家の新政酒造でも、主力の普通酒を純米酒に変えていくことが経営上の急務だった。添加物が入る普通酒が刷新されるなら、同じように人工の乳酸という添加物を加えて酒を造ることも問題なのではないか。

生酛で造る方が自然だと、佐藤は思った。

生酛は、速醸酛《そくじょうもと》に比べると倍の手間と時間がかかる。だが、二〇一四年に、蔵で造る酒の全量を生酛造りに変えた。

失敗は続いた。何本もの発酵タンクの酒をだめにし、何度も落ち込んだが、佐藤は自分のスタイルを曲げることはしなかった。

「昔のように酒を大量に造らなければならない時代なら、速醸酛造りで効率を優先するのもわからなくはない。大量生産品ではなく、手造りの少量の酒にこそ、価値が認められる時代になったのだから、自分なりの酒を追求すべきだ」

佐藤は、そう話す。

家飲みよりも飲食店で飲まれることが多い日本酒は、いまでも一升瓶が中心だ。個人客が買いやすいように栓を開けた後に、おいしいまま飲みきってもらえるようにと、佐藤は瓶のスタイルも一升瓶（1800ミリリットル）から四合瓶（七百二十ミリリットル）に切り替えた。

「新政」の創業は江戸時代後期の一八五二年で、国内でも名門の酒蔵だ。

先にも触れたが、新政の醪から採取された酵母が「きょうかい6号」として世に広まったのは一九三五年だ。大阪高等工業学校（現・大阪大学工学部）を卒業した五代目の卯三郎が造る酒が評判となったことがきっかけだった。高校の同窓にはニッカウヰスキーを創業した竹鶴政孝がいた。

「きょうかい酵母」の変遷は、その時代ごとにどの地域の蔵が、いい酒を造っているのかを示す。

「きょうかい酵母」の記念すべき第一号は、明治に灘の「櫻正宗《さくらまさむね》」の酒母から採った酵母だった。次は伏見（京都）の「月桂冠」から。大正に入ると広島の「酔心《すいしん》」に移った。後に「きょうかい1号」「きょうかい2号」「きょうかい3号」と順に名前がつけられた。

「きょうかい4号」「きょうかい5号」も広島から採取された。

酒処《さけどころ》の灘、伏見、広島と続く中、次の一時代を築いたのが、寒冷な東北で造られる酒だった。東北の日本酒の躍進は「きょうかい6号」の発見から始まったと言ってもいい。

ちなみに「きょうかい7号」は終戦後の一九四六年に長野県の「真澄」の蔵から採取された。

視線の先は世界に

佐藤は、さらに挑んだ。

「低精白」の米による酒造りだ。

精米機の進化によって極限と言えるまで精米した米を原料にすることで日本酒は一時代を築いた。どれだけ米を磨いたか、ということをアピールする競争になった。

だが、佐藤はあえて精米歩合九十六パーセント前後の酒を造った。周りを四パーセントしか削らなかった米を意味し、ふだんの食用の米よりも玄米に近い。

米を磨くことにカネをかけるなら、いい米を栽培することに投資すべきだ。

そう考えた。

低精白の米を使って酒を造ると、多くの雑味が生じ、いまの主流の「きれいな酒」とは相いれない。最近では精米歩合九十九パーセントの酒まで醸造しているほどだ。

しかし、技術力で乗り越え、むしろ米本来のうまみがある酒にした。佐藤が酒造りで使っているのは、すべて地元の秋田県産米だ。

そして、また挑んだ。

「白麹菌《しろこうじきん》」を使った酒造りだ。これには、ほかの蔵元たちも驚いた。

米に含まれているデンプンを酒の発酵に必要な糖に変える役割を持つ麹菌は、日本酒造りでは「黄麹菌《きこうじきん》」という種類が昔から使われてきた。デンプンを糖に分解してくれる酵素が多く作られ、麹造りに適していたからだ。常道に反し、焼酎造りで使われる白麹菌を用いた。デンプンの分解力は弱いものの、雑菌の繁殖を抑える特徴がある。

白麹に目をつけたのは、まだ生酛造りに習熟していなかったころ、無添加の酒造りにつながると思ったからだ。人工的な「乳酸」を添加せずとも酒造りに必要なクエン酸という「酸」を加えることができる。

福島県ハイテクプラザに勤めていた鈴木は、試作段階のそれぞれの酒を佐藤に頼まれて利き酒した。低精白の酒の方は飲んでみて、うまいと思った。醪を造る温度は純米酒だと、通常十度を超すが、ずっと六度のまま仕込んだという。「ミネラルと栄養分が多かったので発酵してくれた」という佐藤の説明だった。

白麹菌を使った酒の方は「こんな酸っぱい酒になっちゃいました」とすすめられたが、正直まずい酒だと、鈴木は感じた。だが、試行錯誤の末、佐藤が二〇〇九年に誕生させた酒「亜麻猫《あまねこ》」は白麹を用いた日本酒の代表銘柄になった。

いまの日本酒のスタンダードは「十四代」に代表されるように黄麹が引き出す栗のような甘さを伴った酒だ。これに対し、「亜麻猫」は白ワインのような酸を伴う。

日本酒の世界に新境地を切り開いた。

異端児こそが時代を動かす。

鈴木は、そう実感した

佐藤自身は、こう話す。

「亜麻猫は現代の主流の酒より、酸味が高い。でも、江戸時代の酒はもっと酸味が強いものだった。それをモダンに洗練させたスタイルだから、味の面でも文化的な価値でも飲み手にも受け入れられやすい。伝統文化でもある日本酒に必要なのはハードではなくソフトだ。どんなバックグラウンドがある酒なのか。それを知って飲んでもらえば、感動はより深まる。日本酒という伝統産業が、大量生産品を作るたんなる加工業にすぎなかったら存在する意味を持たない。歴史のあるこの文化にどこまでも、こだわりを持ちたい」

「新政みたいな酒を造りたい」という若い蔵元が国内各地に続く。佐藤は「無謀な異端児」と揶揄《やゆ》されることもあるが、むしろ、国外で高く評価され、アジアでは「スター」扱いだ。

仙台国税局の主任鑑定官だった阿久津武広は、佐藤の酒造りを、こう言い表す。

「酒造りの常識をことごとくぶち破っている。ふつうでは思い浮かばない。なのに決して感覚で酒を造っているのではない。微生物の数や酵母の状態を示す様々な値など、データ分析に基づいて確立させた。造り手がまねしたくてもレベルが高すぎて難しい。てこずる酒蔵があると佐藤さんは蔵人《びと》を派遣までして教えている」

十四代の高木顕統と新政の佐藤祐輔。近年の日本酒造りを牽引した二人が東北の地から生まれたのは偶然ではないと、阿久津は思っている。

山形県工業技術センターの所長だった小関が「オール東北で高め合わないと輝くことはできない」

と言い続け、どの県も情報を隠さずオープンにし、酒造りに取り組んできた。その土壌があったからだと、阿久津は疑わない。

新政にはディープなファンが多い。佐藤自身、こう話す。

「『めざすべき酒造りのスタイル』は明確にあるが『めざすべき味』は特に持ってはいない。完全な酒を提供しようとも思ってはいない。飲み手とともに成長しながら道半ばのものを提示している。ひいきにしているスポーツのチームに『今年は最下位でも来年は期待できる』とか『今年は優勝できたが来年は厳しいね』とか言うように、時間軸の中で応援してもらっている。ぱっと飲んで『この銘柄、おいしい、おいしくない』ではなく、経過を含めて深く楽しんでもらうものだと思っている。日本酒は昔、ハレの日の酒で、大工さんの一日の日当が一升瓶の値段だった時代もあった。それが大衆化し、産業化して価格が崩れた。本来の日本酒を追求していくと、いまの価格じゃとてもできないことが自分でやってみてわかった。だからこちらも、どういう原料で、どういう技法で造っているのか、酒造りの情報を出し、発信していかないといけない」

吟醸酒や純米酒といった「特定名称酒」の製造量も、コロナ禍前から減少に転じていることは前述したが、いまの日本酒の味が飽きられつつあるのではないか、という危機感が佐藤にはある。

海外の舞台を視野に入れる佐藤は二〇一八年、三重県の人気酒「而今」を造る大西唯克らとフランスのレストランをまわった。

財務省の二〇二一年の貿易統計によると、日本酒の輸出先の一位は中国で103億円、次いで米国が96億円、香港が93億円と続く。この三カ国だけで全体の七割を超す。中でも中国は富裕層向けに値段が高い酒の取り扱いが目立ち、ある蔵元は「国内の通常取引の十倍の量で注文が来るほどだ」と言う。

ワインの国、フランスへの輸出額は5億円で、よくやく十位に登場する。

フランスでも「料理によってはワイン以上に合う」と日本酒への注目は高まっているという。フランスの十軒を超す店が「新政」を置く。佐藤が追い風を感じ取るのは「ヴァン・ナチュール」と呼ばれる自然派ワインへの志向だ。大量生産、大量消費が見直され、添加物を排したワイン造りだ。

日本酒がワインよりも秀でている点を一つ挙げるとしたら、防腐剤が使われていないことだと日本酒の多くの造り手たちは言う。前述したように、繊細な低温殺菌をする「火入れ」という伝統の工程をへているため、防腐剤を入れる必要がない。室町時代の「御酒之日記」の中に、一五六九年のころには酒を煮てつまり低温殺菌していたという記載が残っている。フランスの「近代細菌学の父」と呼ばれるパスツールが「ワインの腐敗の原因を調べてほしい」と頼まれ、ワインを加熱すれば保存期間を延ばせると考えたのは十九世紀半ばだ。その約三百年前の、織田信長が今川義元をうち滅ぼしていた時代に日本で先行していたことになる。ワインの場合、味わいを落とさないように加熱はせずにフィルターで除菌し、防腐剤を加えているのが一般的だ。

佐藤は言う。

「『ワインと戦わなければならないから』と、フランスへの日本酒の輸出は敬遠されがちだ。輸送や関税手続きなどもあり、一店での扱いが十ケース（六十本）ぐらいの少量だと直取引までにはならず、商社を通して共同輸出しているのが現状だ。しかし、文化や伝統を重んじるフランスでこそ、日本酒の文化は好まれる。世界に胸を張って広めていきたい」

大西はフランス訪問の際、甘さを比較的抑えた酒を持参し、フランス料理のシェフたちに飲んでもらった。それでも「料理に合わせるには甘すぎる」と言われた。

その大西も佐藤に感化され、全量の中の一部ではあるが、生酛造りを始めた。

「不思議だが、菌がいなくなるほど蔵の中を掃除しすぎると、生酛はうまくいかない。求められるのは、病院のような無菌状態ではなく、神社・仏閣のような清潔さ。自然の中にいる菌と共存していくのが大事で、造るのは難しいが、酒に深みは出る」

大西は、そう話す。

新政酒造の仕込み蔵には、高さ二メートルほどの四十六本の木桶が並ぶ。かつての大量消費、大量生産の時代に主流になった大型のホーロータンクからすでに九割切り替え、来年完了する。いまは多くが吉野杉の桶だが、自前の工房を造り、いずれ秋田杉の桶にという計画まで進む。

はせがわ酒店の社長、長谷川浩一は言う。

「東北の酒はもともと『山田錦のない東北で、いい吟醸酒なんか造れない』と小馬鹿にされていた。『酒米の王様』と呼ばれ、兵庫県で作られていた山田錦は西日本の名門の蔵しか扱えなかったからだ。その東北で、山形の十四代が長年トップの座を続け、その隣の秋田で新たなカリスマが誕生するのだから、東北の底力には驚かされる。スターが一人出ると、周りも影響を受け、その県の酒はがらりと変わる。まあまあの蔵が集まっている県では、まあまあの酒しか生まれない。福島県に飛露喜がなければ、寫樂《しゃらく》も出てこなかったし、若手の蔵元たちも活躍の場はなかっただろう。秋田県に佐藤祐輔が登場したことで、秋田の蔵もみんなよくなった。酒の進化にはスターが必要だ」

震災で舵を切る

東北の酒蔵にとって、二〇一一年にあった東日本大震災は極めて大きなできごとだった。震災をきっかけに、酒造りのあり方を変えた東北の酒蔵は少なくない。

ここ最近、岩手県を代表する銘柄の一つに躍り出た酒がある。盛岡市にある赤武酒造の「ＡＫＡＢＵ」だ。蔵は二〇一一年の東日本大震災の前、海沿いの大槌町にあった。町は津波にのまれ、避難先の盛岡市で蔵を再建させた。

震災時、東京農大一年生だった蔵元の長男、古舘龍之介《ふるだてりゅうのすけ》が、杜氏を引き継いだのは二〇一四年だ。「若者が手にとってくれる酒」をめざして立ち上げた銘柄「ＡＫＡＢＵ」は三年後、岩手県の新酒鑑評会で一位に輝いた。

「爆弾を落とされたように全部がなくなった。犠牲になった友人もいる。僕たちの世代が前に進めなければと思った」

古舘は、そう話す。

蔵の生産量は震災前の倍を超す。地元向けだった酒はいま、七割もが首都圏中心の県外に出荷されている。

宮城県大崎市で「宮寒梅」を造る寒梅酒造も震災を機にかじを切った。

震度6強の揺れで酒蔵は壊れ、廃業も頭をよぎった。心機一転して安酒の普通酒造りをやめ、すべて純米酒に切り替えた。三十代の社長、岩崎健弥は言う。

「酒屋から『取引したい』と来てもらう酒をめざそうと、蔵からの営業を一切しないと決めた。酒屋とは意地の張り合いだった」

生産量を三倍に伸ばし、震災前に七人だった社員数は十二人になった。

「東北の日本酒のすばらしさが注目されたのは、東日本大震災がきっかけだった」と指摘するのは、この業界を長年取材し、『愛と情熱の日本酒』の著者であるジャーナリストの山同敦子だ。

被災地を支援しようと、東北の銘柄を置く居酒屋が、東京に住む山同の身近でも相次いだ。すると「日本酒は苦手」と言っていた店主からも「日本酒って、いつの間にこんなに進化してたの？」と驚かれたという。

「東北のお酒がおいしくなければ、支援のために一回飲むだけで終わっていた」

山同は、そう言った。

第六章　原発事故

大津波が襲った

東京電力福島第一原発の事故から十年後の二〇二一年三月。太平洋に面した福島県浪江町に「道の駅なみえ」がオープンした。三百年の歴史がある地元の大堀相馬焼《おおぼりそうまやき》の店とともに小さな酒蔵が入った。

二〇一一年三月原発事故の後、約百六十キロ離れた山形県長井市に避難していた鈴木酒造店だ。売り場からガラス窓越しに酒造りの作業を間近に見学することができる。

蒸されたばかりの米が台の上に平らに広げられ、麹菌《こうじ》が振りかけられる。造り手たちが両手で、まんべんなくかき混ぜていく麹造りだ。外から空気が入り込まない閉ざされた空間で作業が進むため、通常は外部の人が見ることはできないが、店舗に面した壁にガラス窓を設けたことで、米から湯気があがる光景まで窓の外から見学できる。

鈴木酒造店の社長、鈴木大介は、こう言った。

「原発事故が起きて避難したとき、町にはもう戻れないと思った」

浪江町によると、事故が起きる日まで町には7671世帯、2万1434人が暮らしていた。県内では有数の請戸《うけど》漁港があり、B級グルメ大会の一位にもなった極太麺が特徴の「なみえ焼きそば」

でも有名な町だ。

大介は一九七三年生まれ。「新政《あらまさ》」の佐藤祐輔、「寫樂《しゃらく》」の宮森義弘と同世代で、鈴木酒造店の五代目だ。酒蔵は請戸漁港の脇にあった。江戸時代に回船問屋を営む傍ら、酒造りを始めた歴史がある。蔵から二十歩もないところにある防潮堤の上に登ると、目の前は太平洋だったという。「日本一海に近い酒蔵」と言われた。

あの日は「甑倒《こしきだお》し」を予定していた。その年の酒造りは五カ月に及び、仕事が一段落した蔵人《くらびと》たちの労をねぎらうための祝いの儀式だった。米を蒸す甑を横に倒して洗って片づけることから、その名前がついた。

午後二時四十六分。地鳴りとともに地面が長く激しく揺れた。

津波が来る！

揺れの大きさから、大介はとっさに、そう思った。

請戸地区の消防団員だった三十七歳の大介は消防団のポンプ車に乗り、周りの人たちに避難を呼びかけてまわった。

地震発生から四十七分後の午後三時三十三分、津波の第一波が到達した。黒い高い壁が崩れるように押し寄せてきた。海岸沿いにある高さ十数メートルの松林がなぎ倒されていくのが見えた。

避難の車で前に進めなくなったため、大介はポンプ車から降りた。止まっている車の窓を「津波が来る」とたたきながら走った。このままだと津波にのまれる。渋滞が途切れ、近くを走っていた知人のトラックの荷台に乗せてもらった。

ものすごい速さで津波が迫ってきたため、大介は荷台から飛び降り、近くの山に向かって、やぶをかきわけて走った。途中で振り返ると、田んぼや住宅地は水に沈み、海のようになっていた。同じ福島県内で「会津娘」を造る高橋亘《わたる》は東京農業大学の醸造学科で大介と同期だった。大介のことが心配で電話をかけ続けた。何度かけてもつながらない。津波に襲われた宮城県や岩手県の海沿いの街の惨状をテレビで見ながら「だめかもしれない」と覚悟した。

大介と親しいほかの蔵元や取引のある酒屋も、高橋と同じように電話をかけたり、メールを送ったりしたが、応答はなかった。巨大地震による停電などで東北を中心に携帯電話の約1万5千局もの基地局が使えなくなっていた。

翌三月十二日の早朝。東京電力福島第一原発の半径十キロ圏の住民に国から避難指示が出ていることをテレビで知った浪江町町役場は、町の外れにある津島地区という、原発から約三十キロ離れた内陸地への避難を決めた。バラエティー番組「ザ！鉄腕！DASH‼」で有名な「DASH村」があった田園地帯だ。

前日の三月十一日の午後三時四十二分ごろに第一原発が電源喪失したと、東京電力から国には通報があった。しかし、国や県、東京電力のどこからも町に連絡はなかった。町は東京電力との間で、原発でトラブルが起きたときには東電が通報する協定を一九七六年に結んだ。「作業員がスパナを落とした」といった細かなことでも東電の社員が役場に伝えにきていたのに、いちばん肝心なときに何の役にも立たなかった。

浪江町はその後、二〇一六年二月にまとめた「福島県浪江町　東日本大震災・福島第一原発事故の記録と5年間の歩み」の中で、三月十一日午後九時二十三分の「政府、半径三キロ圏内の住民に避難指示、半径三〜十キロ圏内の住民に屋内退避指示」と翌十二日午前五時四十四分の「政府、避難指示を半径三〜十キロ圏内に拡大」という事象を「町は避難指示未確認、報道により事実確認」と、あえて赤字で記したほどだ。

自家用車がある人は自力で、車のない高齢者らは役場の本庁舎に集まってもらい、町が用意した六台のバスで津島地区に向かった。風向きや地形などから、町の中心部よりも津島地区の放射線量がはるかに高い場所だと、国は観測データから予測していたのに、それも町には知らせなかった。町長の馬場有《たもつ》は原発事故の七年後に亡くなるまで「住民が見殺しにされたも同然だ」と国への怒りの気持ちを消すことはなかった。

消防団員として逃げ遅れた人がいないか、安否確認に追われた大介は、家族が避難した後、車で津島に向かった。ふだんは三十分ほどで着ける津島への国道は避難の車で渋滞して動かない。原発事故が起きた場所に向かう車はいないため、反対車線はがらがらだったが、車線をはみ出て追い抜こうとする車は一台もなかった。

オフロードバイクが趣味だった大介は、周りの山道を熟知していたので国道から外れて山道に入った。まわりの木々が途切れた場所で携帯電話が鳴った。

電話をかけてきたのは大阪府茨木市にある「かどや酒店」の店主だ。「大介生存」の情報は、そこから拡散された。

水素爆発は、三月十二日午後三時三十六分に一号機の建屋で起きた。

大介は、さらに遠くへ逃げようと、三月十三日朝には福島市に近い川俣町にある避難所の小学校までたどり着いた。すると、広島市にある「広島赤十字・原爆病院」の名前が車体に記された車が駐車場にあるのが目に入った。避難所の周りにいる警察官を含め、避難してきた住民以外は全員が防護服を着ていた。まるで人類破滅の未来映画のワンシーンのような異様な光景に思えた。

放射線は目に見えない。どれだけ放射性物質が広がり、人体にどう影響があるのか。車で逃げている間、恐怖心でいっぱいだった。

日本赤十字社は震災直後から全国各地の病院のスタッフを被災地に送り、救護活動に当たった。福島県にも神奈川、東京、新潟、愛知、滋賀、岡山、広島、香川、高知、愛媛の十都県の病院・医療センターの救護班が駆けつけ、三月十二日から活動を始めた。川俣町の避難所を受け持ったのが広島赤十字・原爆病院の医療従事者という理由だけだった。

だが、車に記された「原爆」の文字が目に飛び込み、大介は全身の力が抜けた。

——もう、浪江には戻れないのか。

原爆病院の車両を見た周りの人たちも同様に誰一人、言葉を発しなかった。

残っていた酵母

大介は震災から三日後の三月十四日、山形県米沢市のビジネスホテルで家族と合流した。大介の両親と妻と息子、大介の弟夫婦と娘、親戚も含め十二人で四部屋に泊まった。

米沢市に向かったのは東京農大で同級生だった親友がいたからだ。「雅山流《がさんりゅう》」を造る新藤雅信《まさのぶ》だ。新藤の紹介で大介たちは旅館の離れで過ごし、その後、市内に民家を借りて移った。

そんな暮らしの中で四月一日、大介の携帯電話に着信があった。

福島県ハイテクプラザの鈴木賢二からだった。

「うちで酒母《しゅぼ》を預かっていることを忘れていないか」

原発事故が起きる前の一月に鈴木は鈴木酒造店を訪れていた。そのとき、酵母を培養させた酒母《しゅぼ》から出ていた華やかな吟醸香が気になった。分析しようと、酒母を宅配便で二百ミリリットルだけ送ってもらい、冷凍保存していた。

「エープリルフールの冗談かと思いましたよ」

大介は鈴木からの電話に、そう返事をした。

酒蔵はおもに「きょうかい酵母」や、各県の研究機関が開発した酵母を培養して酒を仕込むが、蔵にもともとある「蔵つき酵母」も入り込むことで蔵独自の味ができる。鈴木酒造店は津波で蔵を失ったが、ハイテクプラザで保存している酒母から「蔵つき酵母」を分離できれば、蔵独自の酒の味を復活できる可能性があった。

大介が、その作業のために福島県ハイテクプラザを訪れた四月二十日、「会津娘」の高橋亘を始め「飛露喜《ひろき》」の廣木健司、「奈良萬《ならまん》」の東海林伸夫《しょうじ》、泉屋の佐藤広隆が県内の蔵元たちに声をかけ、大介を励ます花見が会津若松市で催された。

「寫樂《しゃらく》」「ロ万《ろまん》」「あぶくま」「京の華《はな》」「天明」「国権」「末廣」の各蔵元のほか、県外からも「而《じ》今《こん》」の大西唯克《ただよし》、「貴《たか》」の永山貴博、千葉市の酒屋「いまでや」の小倉秀一らが訪れた。会場は戊辰戦争の攻防の場となった鶴ヶ城がある公園だった。

「桜はまだ咲いていなかった。とても寒い日だった。将来への不安がいっぱいな時期だったので心にしみた」

大介は、そう振り返る。

大介は、その後も山形県からハイテクプラザに一日おきに通い、酵母を選別する作業を重ねた。震災があった日に鈴木酒造店が甑倒しを予定していたように、ほとんどの蔵が酒造りを終えかけていた。

にもかかわらず、その年の五月。「蔵の在庫の酒が足りなくなってきたので酒を仕込む。一緒にやらないか」と大介に声をかけた蔵元がいた。

冬の積雪は三メートルを超え、国内でも有数の豪雪地帯の南会津町で「国権」を造る細井信浩だ。細井が福島県酒造組合の技術委員長を務めていたとき、副委員長が大介だった。細井は大介の一つ年上で親しかった。

蔵を失った自分のために、あえて酒を造れる場所を用意してくれたのだろう。

大介は、そう感謝した。

細井の国権酒造のタンクを借りて酒を仕込ませてもらい、七月、2千本の一升瓶の酒ができあがった。使ったのは福島県ハイテクプラザに保管されていた酒母から分離した酵母だった。ハイテクプラザの職員たちが発酵力の強さなどから、細胞単位の株を比べ、まず六十株を四十三株に、次に十四株に絞り、最後は酒造りに適した八株の酵母を選び出した。

設備だけではなく、細井は蔵のベテラン杜氏《とうじ》の佐藤吉宏まで大介に用立てた。佐藤は豊国酒造にいた簗田《やなだ》博明と同じ、岩手県紫波町《しわちょう》の南部杜氏だ。全国新酒鑑評会で十二回連続の金賞を受賞した実績があり、南部杜氏自醸清酒鑑評会でも簗田が首席になった翌年の二〇一三年に、その座についた名杜氏だ。

細井の力添えは、それだけではなかった。酒造りは免許制なので多くの縛りがある。「福島県双葉郡浪江町大字請戸字東向10　株式会社鈴木酒造店」という、いままでと同じ住所と会社名を一升瓶に明記できるように仙台国税局にかけあった。煩雑な手続きが必要だったが、国の担当者も「我々も被災した酒蔵を助けたいんだ」と一緒に書類を書いてくれた。

手を差し伸べた理由を、細井は言う。

「地方の小さな蔵の経営の苦しさは、みんな身にしみてわかっているから」

地酒とは

酒蔵同士の支え合いは東北では震災後、珍しい光景ではなくなった。

二〇二二年三月。宮城県を震度6強の揺れが襲った。

内陸部にある村田町で「乾坤一《けんこんいち》」を造る大沼酒造店は打撃を受けた。蔵の中央にある高さ約十五メートルの煙突の土台が崩れてしまった。再び地震が襲えば、倒壊の危険があり、酒造り自体ができなくなってしまう。その年の三分の一の仕込みがまだ残っていた。

四十歳の蔵元、大沼健《たけし》が助けを求めたのが、石巻市で「日高見《ひたかみ》」を造る平井孝浩だった。電話をかけると、平井は言った。

「大変らしいな。連絡が来ると思って準備してたよ」

東日本大震災のとき、震源から最も近い石巻市は津波で4千人近い犠牲者が出て最大の被災地になった。平井の酒蔵も強い揺れで発酵途中の大量の醪《もろみ》が床にあふれ出て台無しになった。

平井のもとには県内外の蔵元たちから「仕込みの場所を提供する」と声がかかった。幸い自力で乗り切ったが、次にどこかで災害が起きたとき、今度は自分が同じように声をかける番だ。

平井は、そう思っていた。

大沼酒造店の先代で、宮城県酒造組合の会長も務めた大沼充《みつる》からは以前、「後継者ができたときは頼む」と言われたことがあった。平井にも、大学三年生の息子がいる。いずれ、継ぐときがあれば、健に「うちの息子をよろしく」と頼むことになるだろう。そうやって蔵同士の関係は続いてきた。

大沼酒造店の蔵人たちは、平孝《ひらこう》酒造の近くの宿泊所に住み込みながら蔵を借り、四月下旬から一カ月半かけて一升瓶約4千本分の乾坤一を造った。平孝酒造の蔵人たちも作業を手伝った。

平井は言う。

「うちの四十代の杜氏はもともと、乾坤一の杜氏さんを尊敬していたので『ビートルズがやって来る ヤァ!ヤァ!ヤァ!』の映画じゃないが、彼らが蔵に来るときは興奮状態だった。同じ宮城県内でも造り方が、こんなにも違うんだと勉強になった。めったにない機会だからと、一本の発酵タンクの酒を共同で造った」

岩手県二戸《にのへ》市で「南部美人」を造る久慈浩介の弟、雄三からも健に連絡が入った。仕込んだ酒を運ぶ輸送費を浮かすため「うちのタンクローリーを使ってくれ」という申し出だった。二戸市もまた、東日本大震災で震度5弱を記録し、久慈も蔵が壊れる被災をしていた。タンクローリーだけでなく、運転手のほかに作業する人まで用意してくれた。

原発事故後、福島第一原発の周りの十二の市町村には国から避難指示が出された。浪江町も、その一つの自治体で避難によって町民はばらばらになった。二〇一一年七月の時点では県内の二百十二のホテルや民宿などの避難所に5500人の町民がいた。

原発から距離が遠い会津のほぼすべてのホテルや民宿、ペンションも避難所となり、県内各地からの避難者が暮らしていた。

細井の蔵を借りて大介が造った酒「磐城《いわき》 壽《ことぶき》」は2千本と本数が少なかったこともあり、すぐに完売した。

磐城壽の「磐城」はかつて存在した磐城国《いわきのくに》から取った名前だ。戊辰《ぼしん》戦争の後、福島から青森までの広さがあった陸奥国《むつのくに》が分割されてできたのが磐城国だ。浪江町を含む、福島県の海岸沿いや内陸部の一部と宮城県南部が含まれた。

浪江は漁師町だった。

漁師は海が荒れて船が転覆すれば、命の危険にさらされる。出港の日、験担《げんかつ》ぎで磐城壽の一升瓶の酒を自分の船にかけ、海に向かった。

大漁のときは漁業組合から船主に「祝い酒」として熨斗《のし》つきの磐城壽が配られた。港に戻った漁師には「酒になったか」という言葉がかけられた。「大漁だったのか」という意味だった。

避難中の大介が、車を運転して磐城壽の一升瓶が入ったケースを自ら届けた会津若松市の酒屋店主がいる。廣戸川を造る松崎祐行《ひろゆき》に「東京で勝負しろ」と檄《げき》を飛ばした酒のトーヨコの横野邦彦だ。大介は、横野に昔から懇意にしてもらっていた。

広くはない店で大介は浪江町のときの知り合いと出くわした。

家族と一緒に会津に避難している男性だった。娘が最近、出産し、孫ができたという。家族でお祝いをしたかったが、避難所にいるため、周りに気兼ねして控えていた。でも、磐城壽の販売を人づてに知り、思わず買いに来たという。

男性は大介に言った。

「お祝いのときぐらい、地元の酒をみんなで飲んで喜び合ったって、いいじゃないか」

「地酒」の持つ大切な意味を大介は、そのとき、痛感した。

浪江町がなくなったとしても、この酒だけは浪江の人たちに自分が届け続けなければいけない。

そう思った。

二〇一二年十月。大介は、山形県長井市で酒造りをやめていた酒造会社を地元の銀行から融資を受けて買った。前述したが、酒造りは国の免許制なので、どこでも酒造りを始められるわけではなく、既存の酒蔵の免許を引き継ぐ必要があった。

紹介してくれたのは、東北の日本酒を引っ張ってきた山形県工業技術センターの元所長、小関敏彦だ。地元の酒蔵事情に詳しかった。出羽桜酒造の社長で山形県酒造組合会長も務める仲野益美《ますみ》が酒米を調達してくれた。

十一月。大介は本格的に酒造りを再開させた。

廣木健司は、その素早い行動に感心した。

「国や県の補助金の仕組みができるのを待っていれば、金銭的には楽に再建できたかもしれない。相談されれば『苦しい立場なんだから、行政をあてにしたっていいじゃないか』とアドバイスしただろう。大介は、その道を選ばなかった。受け身にならず、行政の補助メニューができる前にいち早く酒造りを始めた」

長井市は最上川が流れる内陸部の人口3万人弱の街だ。浪江町との標高の差は二百メートルある。福島県の中では温暖だった浪江と違い、雪国での酒造りにはてこずった。米を蒸すと、その後の冷え方が違った。生まれ育った土地ではないから天気が読めない。浪江は硬水だったが、長井は軟水と水質も違った。

大介はある日、酒米を作ってもらう農家を訪れた。

茅葺《かやぶ》き屋根の古い家だった。囲炉裏で火をおこしてくれた。お茶請けとして地元の伝統野菜である「花作《はなつくり》大根」で作った漬物が出された。

この漬物はここの人たちによって、ずっと受け継がれているのに自分の故郷では地域の積み重ねが途絶えてしまった。

そう思うと、漬物をほおばりながら、大介は涙がとまらなくなった。

生き残った自分にできること

浪江町で消防団員をしていた大介には大きな心残りがある。

地元で酒米を造ってもらっていた農家の一家六人が津波に流された。原発事故が起きたことで行方不明者の捜索は打ち切られた。捜索が再開されたのは約一カ月後だった。六人は遺体で見つかった。死因が溺死《できし》ではなく、凍死だった人もいたと聞かされた。捜索を続けることができていれば、助けられた命だったかもしれないと、大介は思っている。

浪江町によると、津波などで百八十二人が犠牲になり、その後の長引く避難生活で体調を崩すなどし、さらに四百四十二人が震災関連死したと、復興庁は明らかにしている。

生き残った自分が、できることは何か。

大介は、そう考えて行動することが増えた。

福島市に酒米の若手農家がいた。丹野友幸だ。

原発事故が起きる前、県内の酒蔵に米を納めていた。酒米のほかにジャガイモや玉ねぎを有機栽培し、首都圏のスーパーに出荷もしていた。だが、原発事故が起き、酒米も野菜も注文はなくなった。

大介は知人から、納入先を失った丹野の話を聞かされた。

「君の米を使いたい。作ってくれないか」

当時三十五歳だった丹野に大介は声をかけた。


大介が自身の酒を初めて手がけたのは二〇〇〇年だ。「土耕ん醸《どこじょう》」という銘柄だ。土を耕して米を作る農家と、酒を醸《かも》す蔵人が手を組んで酒ができる。その思いから、つけた名前だ。新政の佐藤祐輔が手がける「生酛《きもと》造り」と同じように自然に乳酸菌を育てる「山廃仕込《やまはい》み」という醸造方法で造った。二十七歳のときだ。

浪江町から五十キロほど南にある福島県いわき市の酒屋、澤木屋《さわきや》の永山満久が最初に取り扱った日本酒が土耕ん醸だった。

飲食店にビールを売るのが仕事の大半だったが、近くに地酒を売りにしている酒屋があった。二十代半ばになり、家業に本腰を入れ始めた永山は自分の店でも地酒を扱いたいと思った。

浪江町の蔵に帰ってきた同世代の息子がいると知り、電話をかけた。

大介は一升瓶を三本持って澤木屋にやって来た。一年目の土耕ん醸だった。

「『山廃です』とか『精米歩合は、こうです』とか、言われたんだろうが、自分は知識が浅かったので『ほー』とか『おー』とか、知ったようなふりをし、うなずくぐらいしかできなかった。とにかく『取引させてください』と頭を下げた」

永山は、そう振り返る。

だが、店で土耕ん醸は売れなかった。一本買ってくれる飲食店があっても次の注文は入らなかった。

「あまりに武骨な味すぎて見向きもされなかった」

永山は、そう話す。

「福島には飛露喜という有名な酒があるらしいから、そういうのを持って来いよ」

店からは、そう言われた。

酒屋の息子でありながら日本酒のことはあまり知らなかった。だが、土耕ん醸を家で飲むと、不思議と杯が進んだ。燗酒《かんざけ》にして飲むのが気に入っていた。

取引先の飲食店主らに声をかけ、鈴木酒造店を訪れる見学ツアーを企画すると、四十人ほどが集まった。チャーターしたバスは蔵の横の海岸にとめた。蔵見学の後は地元の請戸川を遡上《そじょう》するサケを用いた石狩鍋と土耕ん醸を振る舞った。

土耕ん醸が売れるようになるまで十年かかった。

そこに原発事故が起き、土耕ん醸は世の中から消えた。

「土耕ん醸」の復活

永山も原発事故の後、家族で会津に避難した。

ある日の夕方、携帯電話が鳴った。「鈴木大介　磐城壽」という表示だ。すぐに電話を取り、思わずロに出た。

「無事だったんですね」

浪江町からの避難者は周りに多かった。永山は義援金を集めて大介に渡そうと考えた。でも、自分の家族も含め、避難しながらみんなつらい日々を過ごし、余裕はない。代わりに大介への支援のメッセージをスケッチブックに書いてもらった。一冊では足りず、二冊のスケッチブックを大介に手渡した。

大介が山形県長井市で酒造りを再開させたころ、永山も避難先から、いわき市に戻っていた。再びバスツアーを企画した。すぐに四十人が集まった。

長井市は成島焼《なるしまやき》という陶器で有名だ。蔵見学の後、窯元を招き、酒を飲むお猪口《ちょこ》をみんなで作った。すると、窯元の和久井修が言った。

「成島焼は相馬藩の大堀相馬焼から指導を受けたのが始まりです」

浪江町の大堀地区に伝わり、国の伝統的工芸品にもなっているのが大堀相馬焼だった。三百年以上もの歴史を持つ。

大介が、たどりついた長井市が浪江町とつながりがあったのか。

偶然の縁の深さに永山は鳥肌が立った。

大介は、その場で永山に言った。

「いつになるかわからない。実現できるかもわからない。でも、浪江でまた酒を造りたい」

原発事故から五年後の二〇一六年。大介は長井市で土耕ん醸を復活させた。

「地元の米で造った酒」というのが土耕ん醸の根幹だった。浪江町は国の避難指示が続いていたため、まだ人が暮らすことはできなかったが、あの若手農家の丹野が福島市で「五百万石」という酒米を見事に育ててくれた。それを使って酒を仕込んだ。

浪江町の避難指示は帰還困難区域を除いて二〇一七年三月三十一日に解除された。原発事故から十年の節目が近づくと、国や福島県が「復興のシンボル」として着目したのが鈴木酒造店だった。多くの町民は避難したままだが、当時、町には千人ほどが戻っていた。

町に開設される「道の駅なみえ」への入店を熱望された。

大介自身はどんな形であろうが、浪江で酒造りを再開させたかった。

町に注目を集めたかった。漁業の街なのに、後継者が減っていくことを懸念していたからだ。

大介は言う。

「原発事故が起きる前、請戸漁港には百隻以上の船があったのに、二十隻ほどまでに減ってしまった。しかも、いちばん若い漁師は四十代。請戸で獲れる魚にスポットライトを当てたかった」

原発事故前、鈴木酒造店は一年間に5万本の一升瓶を造っていた。道の駅は一年間に2万本を造る規模しかない。もとの鈴木酒造店は更地になったままだ。浪江町で酒造りを復活しても長井市での生業《なりわい》は維持し、大介は車で二時間半ほどかけて毎週木曜日に長井から浪江に向かい、日曜日に長井に戻る生活になった。

道の駅がオープンした二〇二一年。原発事故の直後に自分の蔵で酒造りをさせてくれた国権酒造の細井が車で四時間かけ、お祝いに駆けつけてくれた。

「ままごとみたいな設備だな」

細井は笑いながら大介の浪江での復活を喜んだ。

小さな一歩でしかない。でも、その一歩から、ふるさとの新たな歴史を積み重ねていきたい。

そう思う大介は浪江で造った最初の酒に、こんな名前のラベルを貼った。

「ただいま　I'm back!」

はき出された桃

東京電力福島第一原発事故は「人類史上、最悪レベルの事故」と言われた。

立地する太平洋沿岸の「浜通り」にとどまらず、福島県を超えて被害は広がった。

冷却装置がとまり、核燃料が溶け落ちた。発生した水素が原子力建屋にたまって水素爆発が起き、大量の放射性物質が放出された。

福島県によると、最大で16万4865人(二〇一二年五月時点)が自宅からの避難を余儀なくされ、特に農業、漁業、牧畜業、林業といった一次産業への影響は甚大だった。

福島県は国内有数の米処《こめどころ》だ。農林水産省の作物統計調査によると、二〇二一年の収穫量は新潟県、北海道、秋田県、山形県、宮城県、茨城県に次いで全国で七位だった。

日中の気温が高く、夜は低いという寒暖差が米造りに適していた。原発事故の前年の二〇一〇年は新潟県、北海道、秋田県に続き、全国で四番目だった。

原発事故が起きた後の二〇一二年八月から、福島県は米の安全性を伝えるためにサンプル調査ではなく、すべての県産米の米袋を対象に放射性セシウムの濃度を出荷前に測定する検査を続けた。そうしなければ、福島産米が売れなかった。

福島県の蔵元たちにとっての心配は水にも及んだ。

日本酒にとって水は命だ。

灘（兵庫県）や伏見（京都府）が、日本を代表する酒処《さけどころ》となったのは良質で豊富な水に恵まれていたからだ。灘の兵庫県西宮市から湧き出る硬水の井戸水は「宮水《みやみず》」と呼ばれ、一方で軟水の伏見の水は「伏水」と言われ、重宝されてきた。

福島県の酒処の会津も、そうだ。会津磐梯山など、周りの山々で育まれた伏流水があったから多くの銘酒を生んだ。県内の六割近い酒蔵が集まる会津は福島第一原発から百キロほど離れてはいたが、放射性物質が広く拡散されたことで、その貴重な水が汚染されてしまう恐れがあった。

福島の酒蔵はすべて潰れてしまうかもしれない。

奈良萬を造る東海林は、そう案じた。

水道水は基準値を超えることはなかったが、生産者たちを苦しめたのは人の受けとめ方だった。

福島県によると、米は、二〇一二年に１０３４万袋を検査したうち基準値を超えた米袋が七十一あった。二〇一三年は１１００万袋のうち基準値超えが二十八袋。二〇一四年は１１０１万袋のうち二袋。ゼロではないため、買い控えが広がった。二〇一五年産以降は基準値を超える米袋は出ていないが、影響は続いた。

福島県は日本有数の「フルーツ王国」でもある。初夏のさくらんぼ、夏の桃と梨、秋のブドウ、晩秋のリンゴと柿。季節ごとに旬の果物が収穫され、東京のデパートで贈答品としても扱われる。

原発事故の四年後に、こんなことがあった。

福島名産の桃をPRする試食会が横浜市のデパートで催された。果物はどれも基準値を超えていないことが確認され、出荷されている。

「ミスピーチ」を務める福島県内の女子大学生が、年配の女性に試食の桃を渡した。「おいしいね。どこ産?」と聞かれ、「福島産です」と返事をした。

女性は大学生の目の前で、口に入れた桃をはき出した。

「東京に酒を売りに行こう」

二〇一一年三月十一日。福島県の酒造組合会長だった新城猪之吉《しんじょういのきち》は地震が起きたとき、福島県庁の駐車場にいた。その日、福島県ブランド認証産品に選ばれた十銘柄の蔵元に知事から認証書が手渡され、新城の末廣《すえひろ》酒造が造る酒も、その一つだった。

揺れ始めたのは、県庁を出て酒造組合の建物に車で向かおうとしていたときだった。揺れが激しかったため、鉄骨造りの駐車場は崩れると思った。すぐに車に乗り込み、外に出ようとした。地面が波打っているのがわかった。だが、前にいた車が動かない。運転手が、気が動転してアクセルを踏めなかったのだ。新城がクラクションを鳴らし続けると、ようやく進んだ。

酒造組合に着くと建物の壁は崩れ落ちていた。

県内に六十五あった酒蔵のうち八割を超す五十五の蔵が被災していた。

六十歳だった新城は呆然《ぼうぜん》としたまま何日かがすぎた。函館市に住む昔からの親友から「あれ、どうだろうか」と電話が入った。親友は息子の結婚式で振る舞う酒を注文してくれていた。その結婚式が迫っていた。

隣の新潟県なら宅配便を送れると教えてくれた人がいた。車に十ケース（六十本）を載せ、社員に向かわせた。その日のうちに「社長、出せました」と電話が入った。

だが、三月末になると事態は悪化していた。

「スーパーからデパートまで福島の酒は全部チェック態勢を敷かれるかもしれない」

東京のスーパーと取引のある郡山市の蔵元が、そう伝えてきた。

スーパーとの間で、こんなやり取りがあったという。

「検査をしてくれませんか」

「何の検査を？」

「放射能検査です。放射線を浴びている酒を買うことはできません」

新城は慌てた。

インターネットで調べると、東京に検査機関があることがわかった。電話すると、福島県の食品会社からの依頼が多く、それをこなすので手いっぱいだと断られた。何とか別の機関を探し、会津と郡山といわきの三カ所の酒蔵の「発酵中の醪」「瓶に詰めた酒」「酒を仕込む水」を届け、放射性セシウムと放射性ヨウ素の含有量を調べてもらった。

「いずれも検出せず」という結果だった。

翌四月上旬。新城は福島県庁記者クラブで記者会見に臨んだ。

記者クラブといっても県庁の隣にある会館の三階の廊下だった。県庁の建物は震度6以上の揺れが襲えば、倒壊・崩落の可能性が高いと診断され、立ち入りが禁止になった。会館内に震災の対策本部が置かれた。報道各社は折りたたみの机や椅子、簡易ベッドを廊下に持ち込み、原発事故の状況など、夜通しの発表に対応していた。

新城の目の前には各テレビ局のマイクが並んだ。大勢の前でしゃべるのには慣れていた。むしろ、いつも話が長くなる。

だが、幹事社から「どうぞ」と声をかけられると、何からしゃべったらいいのか迷ってしまい、言葉を発せなくなった。福島の日本酒にとっての今後のイメージを左右しかねない大事なアピールの場だと思うと緊張した。

「どうぞ」と再び促されてもしゃべれない。三回目の「どうぞ」で、ようやく話を始めた。放射能検査の結果を説明し、福島の酒の安全性を訴え、最後は「全国に報道してもらうよう、お願いします」と頭を下げた。

震災の発生は三月だったため、全国で花見の自粛ムードが広がった。だが、花見をすすめる蔵元がいた。南部美人を造る久慈だ。

久慈の地元の岩手県も津波の大きな被害を受けた。岩手県内の死者・行方不明者は6千人近くに及んだ。当時三十八歳だった久慈はインターネットの動画投稿サイト「ＹｏｕＴｕｂｅ」で、こう呼びかけた。

「お酒は人々を元気にする。癒やしを与える。お花見を自粛するのではなく、お花見をやって日本酒を飲んで英気を養い、その活力を被災地にまわして」

「被災地岩手から『お花見』のお願い」と題した動画は、わずか四日で再生回数が20万回を超えた。久慈は日本酒だけでなく「被災地の飲食物、名産品を買うことが支援につながる」と訴えた。

その効果で福島県の日本酒も上向きになったと、新城は感謝する。

被災地支援の動きが出始めた。新城のもとに「福島の酒を売りに来ませんか」と最初に誘いがあったのは東京の人たちからだ。テレビ局のＴＢＳが入る複合施設「赤坂サカス」で五月下旬に地元の商店街などが復興支援フェアを催してくれた。

新城は「東京に売りに行こう」と県内の蔵元に呼びかけた。だが、ほとんどの蔵が「行かね。東京さ行っても売れね」と反応は鈍かった。大半の蔵は地元消費が中心で東京市場に酒を出している蔵は数えるほどしかなかった。「地元で売るから行かね」と萎縮する蔵元を新城は叱り飛ばした。

「住民が避難して誰もいない場所で、どうやって売るんだ。地元経済は死んでいるのに」

新城は、こう振り返る。

「下手な文字で『手を差し伸べてくれる人がいるんだから、これをスタートにしよう』と檄文《げきぶん》を書き、ＦＡＸで全蔵元に送った。首根っこを引っ張るように東京に行った。ある蔵の母ちゃんは『あの檄文は、いまでも私の守り神として大切にしている。あれを読むたびに、がんばろうという気持ちになる』と言ってくれる」

鹿児島銀行が地元の観光ホテルで復興イベントを開いてくれたり、山口県の萩温泉の女将たちが支援に訪れてくれたりもした。二〇一四年に日本記者クラブで、さらなる支援を訴えるために記者会見した会津人の新城は、こう言って会場の記者たちを笑わせた。

「(薩摩と長州を)まだ許してはいないが、ありがたかった」

宮城・岩手と福島の違い

新城が福島県酒造組合の会長に就いたのは、原発事故が起きる前年の二〇一〇年だ。

廣木健司にとっても新城は頼れる先輩だ。二十代のとき、こんなことがあった。

はせがわ酒店の社長、長谷川浩一が商談のため、会津までやってきた。その席で廣木は「新城さんは自分にとって殿上人《てんじょうびと》のような存在で、めったに会えない」と漏らした。

かつての廣木酒造は、造る酒の大半を大手メーカーに買い上げてもらう「桶《おけ》売り」の蔵だった。新城の末廣酒造は売り先ではなかったが、県内有数の大手である末廣との「格」の違いを感じていた。

長谷川は、その場で新城に電話をかけた。

「廣木という若手と飲んでいるから、いまから来ませんか?」

新城はすぐに合流した

「若手の蔵元が注目されると、芽を摘もうとする大御所はいるが、新城さんは違う。根っからの親分肌だから、原発事故のときも福島の蔵元が一つにまとまることができた」

そう話す長谷川は、実家の酒屋を継いで間もないとき、「地酒を扱うのなら越乃寒梅《こしのかんばい》もいいが、八海山《はっかいさん》がうまくなるぞ」と新城から教えられた。長谷川は「八海山」の名前を知らなかった。

二人のつき合いは一九七〇年代後半にさかのぼる。

慶應義塾大学法学部を卒業した新城は協和発酵工業（現・協和キリン）に入社した。会社で造っていた焼酎とワインの販売を担当し、五年後に実家の末廣酒造に戻った。仕事は営業担当から入った。協和発酵時代も含め、受け持っていた地区の砂町銀座（東京都江東区）に当時の長谷川酒店（現・はせがわ酒店）があった。

「純米酒を売っていきたい」という長谷川に新城は言った。

「純米酒を先駆けた人は酒屋も飲み屋もみんな体を壊した。なぜだかわかるか。すぐ『老《ひ》ねる』から、売れ残った酒を結局自分で飲まざるを得なくなるからだ」

「老ねる」というのは酒が劣化して不快な香りになることを表す日本酒用語だ。当時は保管状態が十分でなかったため、劣化した酒が横行していた。

新城は長谷川に、こうアドバイスした。

「フレッシュローテーションが大事だ。日付が古くなった酒は知り合いの飲み屋に安く売って回転数を上げること」

新城は自分がうまいと思う各地の日本酒の銘柄を紙に書いて長谷川に渡した。「八海山」は、その一つだった。大学時代に入っていたワンダーフォーゲル部の山小屋が新潟県にあり、そこで八海山を飲んで「こんなに飲みやすい酒があるのか」と驚いた。

新城は、長谷川のことを、こう評する。

「変人で癖があり、自分が『これだ』と信じた酒蔵しかまわらない。ぶれない個性があるから店は大きく伸びた。たんに『いい人』だけだったらパワーを持てない」

新城は、まだ四十代のころ、「十四代」の髙木顕統らが集まった仙台市のカネタケ青木商店の「吟遊館」にも出入りしていた。新城は言う。

「若い連中たちよりも自分は年が上だったので、さすがに雑魚寝する気にはならずホテルに泊まっていた。十四代の髙木君も『田舎に戻って酒造りを始めました』と最初はあいさつしていた。彼らを見ながら自分も吟醸酒や純米酒に特化した蔵元になりたいと思った。でも、違う道を選んだ」

大手メーカーの末廣酒造の主力商品は普通酒だった。隣の栃木県だけでも七千石（一升瓶で70万本）もの普通酒が売れていた。営業担当もしていた新城には客の顔までわかった。「うちはもう吟醸酒と純米酒しか造りませんから」と、その人たちを裏切るわけにはいかなかったと、新城は言う。

でも、若い蔵元たちには、これまでにない酒造りを突き進んでほしかった。同じ県内の廣木を始めとする新たな造り手たちに優しいまなざしを向けるのも、その思いがあるからだ。

原発事故の後、各地の復興支援を追い風に一年目は順調だった。大手の居酒屋チェーンも積極的に被災地の酒を仕入れてくれた。

国税庁の「清酒製造業の概況」によると、原発事故が起きた平成二十二年度に1万4972キロリットルあった福島県の日本酒の出荷量は翌平成二十三年度には1万5910キロリットルと六パーセント増えた。震災で被災した宮城県も7506キロリットルから9761キロリットル（三十パーセント増）へ、岩手県も4313キロリットルから5909キロリットル（三十七パーセント増）へ伸ばした。

平成二十三年度に販売したのは、原発事故が起きる前の酒米で造った酒だった。新城が気がかりだったのは、その翌年の酒の売れ行きだった。酒は、原発事故後の米を使って仕込まれていた。新城の常連客にも「自分で飲む分にはいいが、贈答用としては買えない」と本音を漏らす人もいた。

心配した通り、平成二十四年度の福島県の出荷量は1万4652キロリットルに落ち、さらに平成二十五年度は1万4508キロリットル、平成二十六年度は1万1281キロリットルまで減った。宮城、岩手両県がほぼ横ばいだったのに福島だけが下がった。

福島県の商工会連合会が原発事故の翌年、週二～三回以上料理をする首都圏在住の五百人にインターネット調査をした。結果は福島県産の加工品が「気にならない」という人が二十六・二パーセント、「買う」が十四・四パーセントだったの対し「買わない」と回答した人は三十・四パーセントに上った。「買わない」の割合は翌年も翌々年もほぼ変わらなかった。

新城は言う。

「自社の『末廣』は関西方面のデパートからはじかれた。西日本のあるスーパーが東北の復興支援のためにと企画した通販カタログには、東北六県に福島県が存在していないかのように東北の地図から福島県が外されて『東日本を応援しよう』と記された。福島第一原発の廃炉作業でトラブルが起きるたびに日本酒の売れ行きは落ちた。安全と安心は違う。安心って何だろうと考えさせられた。酒米の放射能検査は一般米よりも十倍厳しい基準で実施し、すべてが検出限界値未満だった。自然界に放射線はあるから、世界中のどこで測定してもゼロにはならないのに、ゼロでないと納得しない人が少なくはなかった」

どうしたら、安心を得られるのだろうか。

自分たちで安全だと言っても認めてはもらえない。第三者から「福島県の酒は大丈夫ですよ」と言ってもらうしかない。

そう考えた新城は県内の蔵元に「国が認めた機関が実施する全国新酒鑑評会で圧倒的にナンバーワンになろう。みんなで金賞を取るぞ」と再び檄を飛ばした。

平成二十三酒造年度の鑑評会は二十二点が金賞を得たものの、都道府県別の受賞数の多さで一位だった新潟県の二十四点に、わずかに届かなかった。そして、前述したように平成二十四酒造年度の鑑評会で二十六点が金賞となり「日本一」になった。

新城は「これが俺たちの安心宣言だ」と叫びたかった。

「福島の酒を支援しよう」

福島県の日本酒を支えたいという動きも広がった。

「大森弾丸ツアー」と呼ばれる催しを居酒屋店主たちが始めたのは原発事故が起きた二〇一一年だ。

東京都大田区のＪＲ大森駅周辺の飲食店に福島県の蔵元が集まり、それぞれの酒を客に飲んでもらった。コロナ禍で途切れる二〇一九年まで毎年続いた。

原発事故から五年後の二〇一六年には大森の十六の飲食店が参加して「一店一蔵」で客を迎えた。福島からは「奈良萬」「磐城壽」「会津娘」「ロ万」「会津中将」「自然郷」「あぶくま」「京の華」「穏《おだやか》」「天明」「山の井」「弥右衛門《やうえもん》」「喜多の華《きたのはな》」「榮川《えいせん》」を造る各蔵元のほか「廣戸川」の松崎祐行、「一歩己《いぶき》」の矢内賢征《やないけんせい》も訪れた。

店では、焼きそばの上にカレーをかける会津名物の「カレー焼きそば」や福島牛、麓山《はやま》高原豚、伊達鶏など、福島県産の食材をふんだんに使った料理が振る舞われた。蔵元はお客に酒をつぎ、自身の酒について語った。酒一杯がすべて五百円という値段で一日で８９０８杯が出た。売り上げは各蔵元に還元された。

企画したのは大森駅に近い居酒屋「吟吟《ぎんぎん》」の店長、石橋正之だ。

原発事故の一カ月後、石橋が奈良萬の東海林に連絡したのがきっかけだ。以前、東京の酒屋が催す「酒の会」で二人は知りあった。石橋は初年度、福島県の蔵元に限らず、他県の酒蔵も招いた。だが、東海林が石橋に頼み込んだ。

「二年目は福島の蔵だけでやらせてくれないか」

東海林は福島県の酒蔵が元気にやっている姿を東京で示したかった。県内の若手に声をかけた。二年目は九蔵、三年目は十蔵、四年目は十三蔵、五年目は十四蔵と広がっていく。

石橋は、こう話す。

「店からすれば、もうけはない。東海林さんは福島県全体のことを考えて行動していた。自分たちが応えないわけにはいかない」

蔵元が「酒の会」を催すのは、いまでは珍しくないが、東海林は原発事故が起きる前から続けていた。年に五十回ほど開いた年もあった。蔵でしか飲めない搾りたてや発売前の特別な酒を店に持ち込んだ。

飲み手と直接かかわることの大切さを教えてくれた蔵元がいた。

南部美人を造る久慈だ。

久慈は酒造りの時期が終わると各地をまわった。福島県の白河市で催した会に東海林が招かれたことがあった。客の楽しそうな顔を見て東海林は目が覚めた思いがした。自分で満足いく酒を出荷すれば、自分の仕事は、それで終わりだと思っていた。酒は飲み手のもとで初めて完結するものだと気づかせてくれた。

久慈が、そのときの会で自分に発した言葉を東海林は忘れない。

「お客が一人であっても俺は行く。南部美人のファンがいてくれる限り、どこにでも行く」

東日本大震災後にＹｏｕＴｕｂｅで「花見をやって日本酒を飲んで」と呼びかけたことで久慈は一躍有名になったが、持ち前の行動力は若いころからだ。

青森県との県境にある二戸市は人口約２万５千人の過疎地だ。若者は就職と進学で市を離れ、人口は減る一方だ。

「街の明るい希望になりたい」と、久慈が南部美人を世界に広げようとニューヨークに販路を求めたのは二十代のときだ。

「父は岩手の酒だった南部美人を夜行列車で十時間かけて東京に持って行き、全国の酒に押し上げた。二戸からニューヨークまで十二時間なので、それと変わらない」

久慈は、そう話す。

米国にとどまらず、ロンドンではワイン学校に働きかけ、日本酒講座を催してもらった。

「IWC（インターナショナル・ワイン・チャレンジ）」と呼ばれる英国メディア主催の世界最大規模の酒類品評会がある。その責任者が受講生の中にいた。

久慈の尽力で二〇〇七年にIWCの日本酒部門が設立された。

「最優秀に選ばれた日本酒はナンバーワンのワインとともに世界のバイヤーたちの前で表彰される。どの蔵も世界に出て行ける道ができた」

久慈は、そう話す。

いまでは「Southern Beauty」と英語名をつけた日本酒「南部美人」を三十以上の国に輸出している。

土と米のアーティスト

日本酒とワインの違いは、製造場所が必ずしも原料の産地と同じではない点だ。

ワインの場合、原料のブドウは長期の保存や大量の輸送がしづらいため、たいていブドウの栽培地がワインの生産地になる。日本酒は違う。米は保存も輸送もできるため、自分の酒造りにあった酒米を別の地域から取り寄せることができる。

ワインの世界で、よく語られる「テロワール」というフランス語の言葉がある。「土壌」や「気候風土」といった自然環境を表し、それがワインの個性につながっている。ワインの醸造家が自分の畑で採れたブドウでワインを醸すように、自分の田んぼで育てた米で日本酒を造る蔵元は珍しくなくなった。

会津娘を造る高橋庄作酒造店の蔵元杜氏、高橋亘も、その一人だ。

高橋は一九七二年生まれ。東京農大醸造学科を卒業し、東京の酒屋の味ノマチダヤに一年ほど勤めた。その後、茨城県の酒造会社「武勇《ぶゆう》」で一年ほど修業し、実家に戻った。大学では磐城壽の鈴木大介のほか、南部美人の久慈も同期だった。

原発事故が起きたことで、高橋はいままで以上に自分が生まれ育ち、酒を造る会津若松市の「門《もん》田《でん》」という土地を意識するようになった。

同じ会津にいながら、廣木と高橋はタイプが別れる。

廣木は違いを、こう表現する。

「日本酒の世界では、自分の得手不得手がある造り手は多い。硬い米は苦手だが、軟らかい米は得意だとか、水も軟水か硬水かによって違う。高橋亘の場合、目の前にある米から、どういう味の酒になるべきかを常に思考している。ワインの造り手が自分の畑で育てたブドウの持つ個性をどう生かすかを追い求めているのと似ている。地元の『五百万石』という酒米を使って『五百万石とは何ぞや』という酒を見事に表現する。僕の場合、めざす酒の味に近づけるための設計図をまず描く。どういう酒米を組み合わせ、どういう酵母を使えば、その味に近づくかと考える」

高橋の酒蔵は会津盆地の会津若松市門田一ノ堰《いちのせき》にある。

「幕末」の歴史が好きな人であれば、その地名にぴんと来る人は多いだろう。戊辰戦争で薩摩、長州の西軍と会津の東軍が激戦を繰り広げ、両軍に多くの犠牲者が出た「一ノ堰の戦い」の場所だ。二〇一三年に放映されたNHKの大河ドラマ「八重の桜」で綾瀬はるかが演じた山本八重の父、権八も、ここで戦死した。

会津藩有数の穀倉地帯で、のどかな広い田園が広がる。

原発事故から約六年後の二〇一七年一月。

その日は小雪が舞っていた。その静けさとはうってかわり「会津娘」を造る高橋庄作酒造店では蔵人たちが所狭しと動きまわっていた。

午前十時、米を大釜で蒸す作業が始まった。

酒造りの場合、米を蒸す。炊くのと違い、米に含まれる水分が少なくなるからだ。麹菌の繁殖に適した水分量になる。水分が少ないと雑菌がつきにくくもなる。冷めた蒸し米は、果汁をゼラチンで固めた菓子、グミのような硬い弾力がある。

蒸し米の理想は外硬内軟《がいこうないなん》と言われている。パスタのゆで方のアルデンテと逆で、米の外側が硬く、内側が軟らかい状態だ。米粒全体が軟らかいと、麹を造るときに麹の菌糸が米の表面に広がってしまう。しかし、外側が硬いと、菌糸は米の内側に向かって伸び、しっかりとした麹ができあがる。

蒸された米は一時間後、麹室《こうじむろ》の中に運ばれ、麹造りが始まった。汗ばむほどの熱気だ。上着を脱いでTシャツ姿になった高橋と蔵人の野中三郎が台の上に広げた蒸し米に「もやし」と呼ばれる麹菌の胞子を散布していく。

二人は東京農大の同期で、高橋が「一緒に酒を造らないか」と野中に声をかけた。

もやしが入った丸い金属の筒を手で揺らすと、小さな穴から、花粉のような茶色い粉が宙に舞い、蒸し米の上に均等に降りかかった。

「もやし」の言葉は平安時代からあった。

前述した平安時代の「延喜式《えんぎしき》」には、醤油や味噌の作り方まで記され、本の中には「よねのもやし」とルビがふられた「糵」という文字が出てくる。糵は根元からはえて来る若芽のことだが「よね」は「米」の意味だ。麹菌ができる様子と似ていることから、その文字が当てられたと考えられている。

なぜ「もやし」なのか。目では見えないが、白っぽい菌糸が徐々に米に伸びていくという姿が食べるモヤシに似ているからという説がある。「毛也之《もやし》」は、そのころの薬草の本にも紹介され、薬用として栽培されていた。

高橋が使っている「もやし」は、創業が室町時代と六百年の歴史がある「糀屋三左衛門《こうじやさんざえもん》」という愛知県豊橋市の会社の製品だ。保存できるように培養した麹菌を乾燥させている。もやしは種麹《たねこうじ》とも呼ばれる。国内で現存するもやし屋は現在十社もない。

戦時中に糀屋三左衛門の社長が疎開したのが会津若松市だった。会津若松出張所を設け、会社の業務を続けた。高橋の酒蔵は、そのときからのつき合いだ。

「土と米のアーティスト」

酒米造りも手がけ、ワインの世界で言えば「栽培醸造家」の高橋は親しい蔵元や酒屋から、そう呼ばれる。

ある年、イタリアからワインの醸造家が会津にやってきた。

高橋と廣木のほか、寫樂を造る宮森義弘、泉屋の佐藤がそろう席で、その醸造家が尋ねた。

「ワインは、九割は原料のブドウで決まる。日本酒はどれぐらいですか」

佐藤は、造り手である廣木、宮森、高橋のうち誰がどう答えるのだろうかと、ドキドキして見守った。すると、高橋が口を開いた。

「三割です」

ワインはブドウの栽培の状況次第で味が左右される。だが、日本酒は原料の米によって決まる味は三割程度で、あとはどんな水を使うか、酵母をどう扱うか、造り手の技で味が決まると高橋は説明した。

「三割」の数字にイタリアの醸造家は驚いていたという。

土産土法

高橋が地元で作っている酒米はおもに「五百万石」という銘柄だ。

自社で酒米を育てる蔵元が増えてきたとはいえ、まだまだ少数派だ。日本では主食である米の生産が国によって徹底して管理されてきた歴史があるからだ。農家ではない蔵元が米作りに乗り出すのは容易ではない。

高橋庄作酒造店が酒米を作れるのはもともと農家だったからだ。高橋家は江戸時代には一帯の田んぼを束ねるほどの名家で幕末に酒造りを始めた。

蔵元にとって酒造りは通常、原料となる米を選ぶところから始まる。高橋の場合、稲の種まきの四月が酒造りのスタートになる。

「土産土法」という言葉がある。

「その土地で暮らす人々が、その土地の産するものを用いて、その土地に伝わる手法で造り上げるもの」という意味だ。会津娘という銘柄の酒を造るにあたって高橋の父、庄作が「土産土法」を掲げ、息子の高橋に引き継がれた。

一九七〇年代にベストセラーとなった、有吉佐和子の『複合汚染』という小説がある。その小説を庄作が読んでいなければ、いまの会津娘はなかったかもしれない。

「インパクトがある小説だった。小説を読み、環境問題への意識を強く持つようになった」

庄作は、そう話す。

「工業廃液や合成洗剤で河川は汚濁し、化学肥料と除草剤で土壌は死に、有害物質は食物を通じて人体に蓄積され、生まれてくる子供たちまで蝕《むしば》まれていく……。毒性物質の複合がもたらす汚染……」

小説の紹介文には、そう書かれている。ひたすら高度経済成長に突き進んだ時代の負の側面だ。世の中がバブル経済に沸くと、ほかの地方と同じように会津の地でも、いくつものゴルフ場建設の計画が持ち込まれた。

近隣の山の伏流水を酒の仕込み水に使っていた庄作は頑として拒んだ。地域は大騒動になったが、結局、計画は立ち消えになった。

「ゴルフ場ができていたら、除草剤をまいた水が流れ、仕込み水だけでなく田んぼもだめになっていたかもしれない」

庄作は、そう振り返る。

先代の時代には行政に強く働きかけ、市街化調整区域の指定を一帯で受けた。農地からの転用が難しくなったことで工業団地化の波に巻き込まれなかった。

高橋家は、そうやって酒米を作る田んぼを守り続けてきた。

「山田錦」という「酒米の王様」

庄作の時代に、それまで中心だった「三増酒《さんぞうしゅ》」をやめた。会津においても酒は、卸問屋から要求されるままリベートを渡して売りさばくものだった。もっと多額のリベートを出す酒蔵があると、卸問屋は、そっちの酒を優先した。庄作には耐えられなかった。

八百石だった製造量は二百〜三百石まで減った。だが、リベートの多さで酒の売れ行きが決まるのではなく、品質で評価される時代が必ず来ると庄作は信じた。酒の評判を聞きつけ、東京の酒屋が取引したいと持ちかけてきたのは一九八八年だ。それが、息子の亘の修業先となった味ノマチダヤだ。

以前は門田の夏祭りの時期、有機栽培をしている亘の田んぼに会津娘のファンが集まり、雑草のヒエを取り除く作業を手伝っていた。ヒエは稲より遅く芽を出すのに、実をつけるのが早い。そのまま稲をコンバインで刈り取ると、脱穀するときにヒエが混ざってしまうため、稲刈りの前に手で一本一本、ヒエを鎌で刈った。

会津娘には、農薬と化学肥料を用いずに栽培した酒米「五百万石」のみを原料にした「無為信《むいしん》」という銘柄がある。親鸞聖人の弟子の無為信房という僧が建てたとされる寺が会津にあり、そこから名前を取った。県内の酒屋では入荷すると、すぐに売り切れてしまう人気の酒だ。田んぼから収穫された米は無為信の原料になった。

夏祭りの境内には会津娘の売店が設けられ、そのときだけしか売られない特製のカップ酒が並ぶ。そのカップ酒が、雑草取りを手伝った人たちへのご褒美だった。除草方法などの工夫で、ヒエに悩まされることは減ったが、今度は水中で発生する雑草のコナギが悩みの種になっている。

泉屋の佐藤は、ともに全国で有名銘柄となった酒を造る廣木と高橋のスタイルの違いを、こう評する。

「全国のトップの酒になろうと挑み続ける廣木健司に対し、高橋亘は自分の米で造る酒にこだわってきた。会津娘という酒に対してよりも会津娘を造る高橋亘の生き様へのファンが数多い。麦わら帽子が、こんなにも似合う蔵元はほかにいない」

その高橋が、県外産の米で酒を造ったのは二〇一四年だ。

使ったのは「酒米の王様」と称される山田錦だ。東日本大震災の三年後だった。

山田錦の歴史は古く、兵庫県の試験場が人工交配に取り組んだのは一九二三年だ。父株の「短稈《たんかん》渡船《わたりぶね》」と母株の「山田穂《やまだほ》」の二つの酒米を掛け合わせ、一九三六年に「山田錦」という名前で奨励品種に登録された。

すぐに各地に広まったわけではない。転機となったのは戦争だ。おもに大阪の米を原料にしていた灘の蔵元が戦時統制で県外の米の買いつけができなくなり、県内産である山田錦に切り替えたとされている。山田錦は吟醸造りに適していた。原料となる米の周りを削れば削るほど雑味が除かれ、きれいな酒質になるが、山田錦は大粒で、かつ米の中心の「心白《しんぱく》」も大きいため、精米したときに割れづらいという長所があった。雑味につながるたんぱく質や脂質の含有量も低く、いい麹を造りやすかった。「こんなに扱いやすい酒米はない」と、どの造り手も言う。

山田錦は一九九〇年代前半の吟醸酒ブームで脚光を浴びた。全国新酒鑑評会では山田錦を用いた酒が金賞に並んだ。蔵元たちの間では、酒米は「山田錦（Y）」、酵母は「きょうかい9号（K）」、米は精米歩合を三十五パーセントになるまで削って酒を造れば、金賞に入りやすいことを示す「YK三十五」という標語まで生まれた。「きょうかい9号」は熊本市の酒である「香露《こうろ》」の醸造元の酵母から生まれた。

「特A地区」と呼ばれる一部の産地の山田錦は希少価値になった。神戸市の北側の三木市の吉川《よかわ》町《ちょう》や加東市の旧東条町などが該当する。稲が育つ夏場の一日の最高気温と最低気温の差（日較差）が大きい方が、うまい米ができるとされる。夜の気温が高すぎると、昼間に太陽の光を浴びても光合成をして蓄えたエネルギーを自分の体力の維持に使ってしまうからだ。特A地区は日較差が十度以上と大きい。

蔵元が特A地区の米で酒造りをしたいと思っても入手は難しい。「村米制度」という栽培契約の壁があるからだ。酒米の稲は一般的には食用米より背が高い。倒れやすく収穫量が落ちるため、農家にとって採算が取りづらい側面がある。経営を安定させるため、農家は地区ごとに灘の蔵元と契約を結んで共存を図ってきたとも言われている。

高橋が、その米を使えることになったのは日高見を造る平井孝浩の存在が大きい。東北の若手の蔵元たちに兄貴分として慕われ、高橋より十歳年上の平井は兵庫に足しげく通い、農家や農協からの信頼を得て二〇一二年に特A地区と契約を結ぶことができた。

「本物と言われる山田錦を使ってみたい」

平井は高橋から懇願された。

特Aの山田錦を知ることで地元米の五百万石のよさをいっそう引き出せるのではないかと、高橋は思った。

その米で会津娘を造ってみて驚いた。

発酵過程がまったく違った。データを図表に落としてみると、発酵の山のピークが高く、奇麗な曲線を描いて下がっていく。酒にボリューム感があり、後味がきれいだった。酒米としての実力を実感した。

最初は東条産、次に吉川産で酒を仕込んだ。同じ仕込みの配合で発酵させ、同じタイミングで酒を搾って瓶詰めし、同じ温度で貯蔵し、同じ時期に蔵出しして造った二つの純米大吟醸を比べた。二つの産地の場所は十キロも離れていないので、ほぼ同じ酒になると思ったが、違った。

それぞれが、こんなにも表現力がある酒米なのかと、高橋はまた驚いた。

高橋はカメラが趣味だ。

「同じ五十ミリのレンズを使って写真を撮ってもズームレンズと単焦点のレンズでは写真の奥行きが違う。山田錦は、それと似ていて奥行きがあった」

高橋は一方で五百万石が持っている潜在能力をもっと引き出せるのではないかと感じた。

「ふつうの自動車を運転しているだけでは自分の運転技術に気づきにくい。より性能が高い車を運転すると、ブレーキングやハンドリングで自分の運転技術の粗さに気づくときがある。山田錦で酒造りをすることで自分の酒造りの技術力を上げることができると思った」

高橋は、そう話す。

平井は山田錦の兵庫の生産者のもとを訪れたとき、高橋も誘った。そのときの姿に根っからの農家なんだと感じた。稲の登熟度合いについて「自分の田んぼは、こうだが、あなたのところはどうだ？」と相手の米農家と話を弾ませていた。

高橋は毎年四月に稲の種をまいて苗を育て田んぼを耕し、五月二十日前後に田植えをする。梅雨が明ける七月末から八月初めに穂が出て稲の花が咲く。天気がよくなると一気に開花が進み、秋晴れのもとで米の粒が成長する登熟期を迎える。

そのころには田んぼは黄金色に輝く。そして、台風が来る前に収穫する。

それが高橋の米作りのカレンダーだ。

出穂《しゅっすい》してから毎日の平均気温を足し、その積算温度が千度となったときを稲刈りの目安にしている。

「会津の気候が五百万石の成長曲線にどんぴしゃりと合っていた。会津で採れるのは、ふつうの五百万石ではなく、粒の大きい特別な五百万石。まさにこの地にあった酒米だ」

高橋は、そう自負していた。

違和感を持ったのは原発事故が起きる十年近く前だ。

最初の十年は気候に合わせ、いかに苗を大切に育てるかだけ考えていた。

ある年、梅雨が明ける前に穂が出始めた。気温が不安定な時期なので穂はそろわない。受粉にばらつきが出て最も大事な登熟にむらが出た。

すべての登熟を待っていると、台風が来てしまうので、見切り発車で稲を刈り取らざるを得なかった。梅雨の後に穂が出るようにするため、翌年は田植えの時期を遅らせた。

たまたま、そういう年があったのかなと思った。でも「ちょっと違う」が十年以上、続いた。「たまたま」では、もう説明ができなかった。

温暖化の影響なのか。

粒が大きくて自慢だった地元の五百万石が年々小粒化している。

「いま会津で採れるベストな酒米は五百万石だ。でもこの先、会津産の山田錦が主流になる時期が来るかもしれない。そのときに備え、蔵人全員で山田錦を使った造りにも慣れておきたかった」

地元米にこだわる高橋が、あえて県外産の山田錦で酒を仕込む、もう一つの理由だった。

酒蔵としての答え

前に記したが、酒米が酒質に与える影響はせいぜい三割で残りは人の手による部分だというのが、高橋の変わらぬ考えだ。先祖が守り続けてきた田んぼが、せっかくあるのだから、その三割が本当なのかを突き詰めたい。

門田で五百万石を育てていると、場所ごとに稲の太さや高さ、根の張り方が異なり、収穫される米の粒の大きさや硬さ、生育の早さも違う。流れている川との距離で土壌は異なり、周りの山との位置で日の当たり方や日照時間、風の吹き方が変わるからだ。

田んぼごとに個性がある。それを酒質に表現できるのか。

いまの日本酒はおいしくて当たり前。おいしさだけでなく、その土地の薫りがする付加価値を出したかった。

高橋は、それに挑んだ。

二〇一九年。定番の「会津娘」に「穣《じょう》」というシリーズを加えた。一枚の田んぼの米だけで仕込んだ純米吟醸酒を七種類、世に出した。七枚の田んぼで、それぞれの酒の味の変化を感じてもらおうと思った。

高橋庄作酒造店には契約農家を含め、蔵の周囲三キロに五百万石を作る四町歩《ちょうぶ》の田んぼがある。一町歩は約一ヘクタールでサッカーの競技ピッチの約一・五倍の大きさだ。高橋は特徴的な七枚の田んぼを選び、そこから収穫された米ごとに酒を仕込んだ。「この土地の穰《みのり》を醸す」との思いを込め「穰」の名前をつけた。田んぼごとの特徴は、こうだ。

羽黒46　表土がとてもきめ細かく柔らか。大粒でやや硬質、緻密な味わいの五百万石に育つ。
羽黒前27　保肥力はあまり高くないが、柔らかく四方風抜けのいい田んぼ。中粒でやや硬質な五百万石に育つ。
羽黒西64　保水力は高くないが、水は潤沢。大粒で、強い味わいの五百万石に育つ。
羽黒7　保水力の高い粘質の土で四方が開け、日照が最も長い。やや大粒で硬質、標準的な五百万石に育つ。

羽黒は字名《あざめい》で数字は番地だ。
酒を造る以上、品質は落としたくない。試験醸造を三年続け、安定して出荷できる自信が持てるようになり商品にした。
同じ米を使っても造る時期や造り方が違えば味は変わる。なので、逆に米の違いを比べてもらえるように酒造りの条件をすべて合わせた。同じ時期に米を収穫し、精米歩合は五十五パーセントにそろえ、吸水率も合わせた。麹は数種類の酵素力価という数値を測定しながら造っていくが、その数値を合わせた。アルコール度は十六度、酸度は平均的な一・四、アミノ酸度も同じにし、貯蔵の温度も期間も一緒にした。

高橋庄作酒造店には高橋のほか、男女四人ずつの八人の蔵人がいて全員が米作りをしている。

高橋は言う。

「条件を同じように酒を造るというのは蔵人からすれば、大変な作業。吸水率を合わせるのに通常だと、水を吸わせる時間は一分ぐらいずれる。同じ麹を造るのも、こっちの米は八時間かかるのに、こっちは十時間と調整が必要になる。蔵人たちは『粒がどうだ』とか『心白がどう入っているのか』とか、いままで以上に米をまじまじと観察するようになった」

結果はどうだったのか。

酒の味はまったく違った。

それが田んぼによる違いなのか。まだ短い年数なので高橋も確かなことはわからない。

穣シリーズの瓶のラベルにはQRコードをつけた。アクセスすると、グーグルアースで、その米が育った田んぼの風景が広がる。ラベルに書かれた「穣」の文字は泉屋の佐藤が筆を執って書いた。

穣は十一種類に増えた。米が持つ力を、とことん昇華させていくことが自分がめざす酒造りの「答え」だ。高橋は、そこにたどりついた。

第七章　日本酒とは

女性の造り手たち

「天才的な利き酒能力」

福島県の酒蔵で、そう評価される女性の造り手がいる。会津若松市にある花春《はなはる》酒造の杜氏《とうじ》、柏木純子だ。

二〇〇三年に入校した福島県清酒アカデミーでは「寫樂《しゃらく》」を造る宮森義弘と同期だった。酒造りを三年間学ぶ清酒アカデミーでは毎年利き酒のテストがある。

酒造りをするうえで自分が醸した酒の味が満足のいくものなのか、製造ミスによる異臭が入り込んではいないか、それを自分で判別できないことには仕事にならない。

試験ではアルコール度数の十二度、十四度、十六度、十八度、二十度の液体がテーブルに置かれ、度数の高い順に番号で並べる。甘さや辛さ、うまみ、酸度、熟成度合いも同様に違いを判別する。日本酒ができる過程ではいろいろな「酸」が生じるため、酸度が高いか低いかに加え、乳酸由来の酸なのか、コハク酸由来なのかなど、種別も見極めなければならない。最初の年の利き酒試験で柏木は正解率が九割を超えた。

合格ラインは八割なので「一年生」にしては十分すぎる成績だったが、柏木は悔しかった。蔵の外で日本酒を飲むと、おいしいと思える酒の味は舌が記憶していった。自信はあったが、酸の見極めを間違えた。

福島県ハイテクプラザの醸造・食品科長だった鈴木賢二からサンプルをもらい、特訓した。利き酒試験は二年目も三年目も全問正解だった。

鈴木は、こう話す。

「造り手は職人ではあるが、人間なのですべての味や香りを利きわけられるとは限らない。万能な人はいない。誰でも得意不得意な分野があり、自分が、どれが苦手なのかをわかってさえいれば、酒造りに支障はない。しかし、柏木さんは不得手な分野があることに納得がいかなかった。二年続けての満点は清酒アカデミーの受講生で初めてだった」

柏木が地元の大手メーカーである花春酒造に入社したのは一九九三年だ。最初に配属されたのは研究室だった。

「女性は蔵には入れない」という雰囲気が日本酒業界にはまだ残っていた。柏木はどうしても酒造りに携わりたかった。蔵の掃除の手伝いで蔵に入れてもらうことから始め、念願の製造部に移るのに十年かかった。

酒造りは生き物が相手なので不測の事態が起きることは珍しくない。繁忙期は、ほかの蔵人《くらびと》たちと同じように、夜でも異変に対応できるように服を着たまま蔵に泊まり込んだ。利き酒能力が買われて杜氏に抜擢されたのは二〇〇七年だ。能力の高さと人柄に周りも納得した。

酒は人が造るものではなく、微生物が造るもの。柏木は、そう思っている。

数字に現れない、目に見えない微生物の動きを見極めなければならない。どうしてほしいと思っているのか。それをいち早く察知し、わずかな変化を見逃さないように微生物をコントロールして着地させていく。

酒造りは得てして酵母などの微生物が持つ力を限界まで引き出し、力ずくで自分が思い描く酒に近づけようとする杜氏も多い。柏木の酒造りは違った。常に優しく母親のように酒に接した。麹造《こうじ》りではとことん麹の香りをかぎ、口に含む。これから勢いが出て来る状態なのか、逆に調子が悪いのか。見えない声を聞いた。

「赤ん坊は言葉をしゃべらないけど、なぜ泣いているか、笑っているのか、母親はわかっている。酒造りは、それと同じだ」

柏木は酒造りを、そう表現する。

花春酒造は二〇一六年に業績の悪化から酒造事業が譲渡され、幸楽苑ホールディングスの元社長、新井田傳《にいだつたえ》が現在は社長を務めている。柏木は譲渡前の人員整理で解雇されたが、新井田に請われ、二〇一八年に再び杜氏として復帰した。

その間、同じ会津若松市にある鶴乃江《つるのえ》酒造で蔵人として働いた。

鶴乃江酒造は、会津若松の観光地である七日町通りにある小さな酒蔵で「会津中将」を造っている。江戸時代の二代将軍、徳川秀忠の四男で会津松平家の初代藩主になった保科正之《ほしなまさゆき》の官位「左近《さこん》衛権中将《えのごんのちゅうじょう》」から酒の名前を取った。「ＳＡＫＥ　ＣＯＭＰＥＴＩＴＩＯＮ」の二〇一五年の純米大吟醸の部で一位に輝くなど、全国で知られる酒蔵だ。柏木に「うちで酒造りを続けてみないか。ひと造りやってみて、今後どうするかの答えを出してみてもいいのでは」と声をかけたのは、その後、社長に就いた向井洋年《ひろとし》だった。柏木ほどの腕がある人材が、酒造りの世界から離れるのは惜しいと、向井は思った。

柏木は鶴乃江酒造で麹《こうじ》造りを任された。

柏木が驚いたのは原料の米の洗い方だった。担当していたのは蔵の長女で、向井の妻の林ゆりだ。いまは多くの酒蔵が十キロ単位に小わけして丁寧に洗米し、ばらつきが出ないように作業するのが当たり前だ。吸水が足りなければ水を足し、多ければ脱水し、より正確な水分量にしている。

ゆりは、これまでの洗米の記録を残した自分の手書きのノートを見直しながら水分量を決めていた。日によって気温も水温も米の温度も違う。まったく同じという日はなく、米に、どう吸水させればいいかを過去の記録からたどっていた。

柏木も花春酒造で作業記録を残してはいたが、そこまで徹底はしていなかった。

酒造りは一人ではできない。それぞれの工程の担い手が自分の仕事を担い、次の担い手にバトンを渡す。作業する一人ひとりが、ぎりぎりまで仕事を突き詰め、チームでつないでいかなければ、いい酒にはならない。柏木は鶴乃江酒造で、そのことに気づかされた。

「蔵人たちが何かに追われてバタバタしたり、ギスギスしたりしていると、どこかでつまずく。途中で修正しようとしても、どこか物足りない酒にしかならない。みんなが楽しく、おいしいお酒を造ろうと同じ思いで仕事をしていると間違いなく酒はよくなる。きっと神様は私たちの作業を見ている」

柏木は、そう話す。

ゆりの母、恵子も、いまは引退したが、最近まで酒造りを担っていた。

地元の呉服商の生まれで、結婚した当初は蔵人たちのまかない料理を作り、酒の瓶詰めを手伝った。ところが、蔵人の高齢化で人が足りなくなった。もともと酒は飲めない。利き酒で、わずかに口に含むのが精いっぱいだった。「少しでも手助けになれば」と一九九三年に清酒アカデミーの二期生として入学した。四十七歳だった。

一方、長女のゆりは東京農大の醸造学科を卒業し、実家に戻った。

母娘で蔵に立った。

ゆりの一年目、東京のデパートから「女性向けのお酒を母娘で造りませんか」と声がかかった。女性の酒造りを描いたＮＨＫの連続テレビ小説「甘辛しゃん」が始まるのを見すえた販売戦略だった。日本酒の消費量は落ち込んでいたため、鶴乃江酒造にとっても渡りに船だった。母の恵子は麴造りを、娘のゆりは仕込みを担当した。酒が完成すると父が「ゆり」と命名した。一九九七年のことだ。

ゆりは自分の名前がついた酒を首都圏の試飲会で売った。百人以上の来場者に直筆で手紙を送った。多くのファンが毎年新酒ができるのを待ちわびる。「ゆり」は「会津中将」と並ぶ代表銘柄になった。

ゆりは、こう話す。

「酒は最後に醪《もろみ》を搾ってみるまで、いい酒になっているかどうかはわからない。途中で、いい香りがして期待し、搾ってみたら、あの香りはどこに消えちゃったの、というときもある。毎日首をかしげながら造っている。生き物が相手なので毎日が勝負。発酵し、酒の味がどう開くのかというのは本当に不思議だ」

ゆりは瓶の色にも目を配る。

純米大吟醸酒である「ゆり」は、すっきりした爽《さわ》やかな味わいとともに、それを象徴する青色の瓶が発売以来の特徴だ。ある年、「ゆりは老《ひ》ねやすい」と指摘された。保存が悪いときに生じる日本酒の劣化臭だ。

搾った酒をより早く冷やして瓶に詰め、出荷までの管理に気を配ったが、それでも時間がたつと老香《ひねか》が生じた。試しに緑の瓶に酒を詰め、一カ月常温で放置して比べてみると、歴然と違いが出た。緑の瓶だと老香は出なかった。青い瓶を製造するときに使われている色素が原因とみられ、光が当たることで内容物の酒を変化させていたらしい。

青い瓶は「ゆり」のトレードマークでもあり、色は変えたくない。透明な瓶に変え、外側に青のコーティングをすることにした。費用はかさむが、青色にこだわった。

女性の杜氏や蔵人は、いまは珍しくはない。

機械化が進み、昔のような力仕事が減ってきたことが背景にある。鶴乃江酒造にも二十代の女性の造り手がいる。東京農大を卒業した地元出身の女性は「蔵人を募集していませんか」と自ら電話をかけてきた。人を雇う余裕はなかったが、意欲のある人を断れなかった。蔵人たちにとって孫のような存在だ。もう新しい戦力になっている。

花春酒造に戻った柏木は「天宮《てんみや》」という新しいブランドの酒を手がけた。

「造りたい酒を造ってくれていい」と社長の新井田から言われた。

料理の脇役となる派手さのない酒に仕立てた。ほんのりと地元の米のうまみを感じられる純米酒だ。

「おいしい酒を飲むと自然と『あー、おいしい』と顔がほころぶ。いい酒というのは、その言葉に尽きる」

柏木は、そう言う。

子育てをしていたとき、酒を仕込む醪の状態が気になると、休みの日でも小さな子どもを連れて蔵に戻った。「ハシゴにだけは登っちゃだめ」と言いつけて醪が入ったタンクに顔を入れ、五感で状態を確かめた。

「お酒なんか大人になっても飲まないよ」と言っていた、そのときの息子は大学生になった。時々、一緒に酒を飲む。

自分が造る花春の酒を「おいしいじゃん」と言ってくれる。

燗酒の魔法

会津に、わずか数席の一風変わった日本酒バーがある。

山形、新潟、群馬、栃木と四県に接する会津には三十ほどの酒蔵が集まる。店は燗酒《かんざけ》を売りにしている。注文が入ると「徳利《とっくり》」に注いだ酒を蒸気が立つセイロの中に入れる。「蒸し燗」と言う。

日本酒を入れる徳利の原型が普及し始めたのは室町時代とされている。いまでは瓶に入っているが、江戸時代から昭和の初めごろまで、酒を買うときは酒屋で徳利に詰めてもらって持ち帰っていた。酒を注ぐときに「トクトクトク」と音が立つことから「徳利」の名前がついたとも言われている。「酒」の文字はもともと「酒壺」を表す象形文字の「酉」に「水」を示す「さんずい」がついたものだ。「酉」の文字は3千年以上も前からあった。

会津のバーの店主は酒をセイロの蒸気で温めて飲む「蒸し燗」を、静岡県沼津市で造られる酒「白隠《はくいん》正宗」の蔵元が催す勉強会で学んだ。「カン」の呼び方の由来は、熱からず冷たからず、その「間」の温度帯だからとか、容器に入れて酒を「間」接的に熱するからだとか諸説ある。

蒸し燗だと、味はどう変わるのか。

若い店主は、特利に酒を入れて湯煎した一般的な方法の燗酒も一緒に出し、飲み比べてもらうようにしている。同じ酒で同じ温度で燗をつける。どちらも落ち着く優しい味わいになるが、蒸し燗は「より滑らかだ」と、ほとんどの客は違いに驚くという。

燗酒は不思議だ。お燗することで酒がうまくなることを「燗上がり」という。「ぬる燗」と呼ばれる四十度の燗酒を飲むとき、冷めた状態から四十度まで温めた酒と、いったん六十度まで上げ、それを二十度下げて四十度にした酒とでは味わいも変わる。温度が低いままだと、熟成した酒の味が開かないときがあるからだ。

「割り水燗」という燗酒のつけ方もある。酒に水を少しだけ加えて温める。アルコール度数のほんの少しの違いで味わいや香りは変わる。水が少し加わることで、ほんわかと、まろやかな味になる。

酒場にいる「お燗番」は徳利への注ぎ方までこだわる。酒の状態を見て味が崩れないように、ゆっくりと静かに酒を入れるときもあれば、酒がまだ硬いというときは空気が混ざるように大胆に入れ、最高の飲みごろに仕立てる。

全国新酒鑑評会で競う酒とは違った世界が広がる。

鑑評会の審査員を務めたこともある宮城県産業技術総合センターの上席主任研究員だった橋本建哉は「燗酒は魔法の酒だ」と言う。

橋本の行きつけの飲み屋が仙台市の中心部の壱弐参《いろは》横丁にある。空襲で焦土と化した仙台で始まった公設市場から始まった横丁で百軒近い店が軒を連ねる。

地元の気仙沼漁港に揚がる新鮮なカツオに宮城県の地酒の熱燗を合わせるのが橋本のお気に入りだ。連れがいるとカツオの刺し身をまず注文する。店の主人が、さばいたカツオをカウンター越しに差し出すと、橋本はすぐさま「まず、カツオをほおばって」とせかす。連れが口の中で食べ終わらないうちに橋本は続けて促す。

「そこに日本酒、行っちゃいましょう」

カツオの脂と燗酒のうまみが口の中に広がって驚く連れの顔を見ながら橋本は、してやったりという表情でニンマリする。

少しぬるめの燗酒でカツオのうまみは何倍にも深まる。牛肉と赤ワインが合う感覚に似ている。赤ワインが牛肉のうまみを引き立て、牛肉がまた赤ワインの味を引き立てる。それと同じようにカツオの味だけでなく、日本酒のうまみも増す、見事な相乗効果だ。

第六章で触れた福島県いわき市で酒屋を営む永山満久は熱燗の魅力を知ってもらおうと、店内で自ら燗をつける。店内のカウンターで一杯二百円ほどで提供している。「酒仙」とも呼ばれた詩人、李白《りはく》の「月下独酌《げっかどくしゃく》」という詩の中の最後の一節がこよなく好きだ。

且須飲美酒　且《しばら》く須《すべから》く美酒《びしゅ》を飲《の》み
乗月酔高台　月に乗《じょう》じて高台に酔うべし

ひとまずは存分に美酒を飲み、美しい月の光のなか、立派な高楼で酔うことにしよう。

永山は言う。

「燗酒を楽しむにはできあがるまでの時間が必要で、心に余裕がある人でないと楽しめない」

晩酌の酒

「日常の酒」とは、よそ行きのスーツやドレスではなく、毎日身につけていても心地いい、ふだん着のような存在なのだろう。

「飛露喜《ひろき》」の造り手の廣木健司も、こう言う。

「純米大吟醸は主役の酒だ。特別な日に乾杯し、最初の一杯がおいしいと感じてもらえるように造っている。地元向けの『泉川』は、一日の仕事を終えた人がテレビのナイター中継を見ながら飲む晩酌の酒だ。私が家でふだん飲んでいるのは、もっぱら泉川。長い時間かけて飲めるようにアルコール度数も軽めにしている」

私ごとで恐縮だが、明治の生まれで一九九四年に八十六歳で亡くなった私の祖父は毎日晩酌をしていた。群馬県高崎市で機械製造の仕事を個人で営み、祖母と二人で暮らしていた。その日の仕事を終えると、ちゃぶ台の前に座り、一升瓶から自分でコップに酒を注ぐ。祖母の手作りのぬか漬けや、フキを甘く煮つけたキャラブキなどを肴《さかな》に一人で静かに飲んでいた。

私の勤務地が新潟市だったとき、地元の「越《こし》乃《の》寒梅《かんばい》」が、いまの「十四代」のように入手しづらい酒だった。それまで日本酒と言えば、甘ったるく悪酔いする印象しかなかったが、越乃寒梅を口にし、こんなにきれいな味がする酒があるのかと感じた。新潟では「八海山」や「〆張鶴《しめはりつる》」の人気も高かった。

帰省したある年、〆張鶴の大吟醸酒の一升瓶を祖父に持ち帰った。箱に入り、大吟醸の文字が金色だった。祖父は晩酌中だった。

「これ飲んでみて」

私が喜び勇んで箱から出し、空になっていた祖父のコップに注いだ。祖父は四分の一ほどの量を一気に飲み「うまい酒だな」と言った。だが、〆張鶴が残っているコップに、いつも飲んでいる普通酒を自分で継ぎ足した。

祖父にとっての特別な酒は、ふだん飲み慣れた「日常の酒」なんだと納得がいった。

日本では、縄文時代には酒が造られていたとされる。発見された土器の内側に山ブドウの種子が残っていて、酒の仕込み容器ではないかと考えられている。稲作の伝来とあわせ、米によって造られる酒が広がったが、それ以前は果実酒のようなものだったのだろう。

「会津娘」を造る高橋亘《わたる》や「磐城《いわき》壽《ことぶき》」の鈴木大介も学んだ東京農大醸造学科の初代醸造学科長に、昭和の時代に「酒の博士」として親しまれた住江金之《すみのえきんし》という人物がいた。有名な著書「日本の酒」の冒頭に住江は、こう書いている。

「酒は人類が造り出したもっともすばらしい芸術品である。音楽も芸術であり、絵画も芸術であり、詩も歌も芸術である。しかし恍惚《こうこつ》として夢幻の境に遊び、雄大な気分を発揚し、憂苦を一瞬に吹き飛ばし、しかもそのうえ身にしみ透るようなうまい味にひたることができるのは酒をおいてほかにない」

熊本の蔵元の四男として生まれた住江は別の著書「酒の浪曼」の巻頭には、こう記してもいる。

「白米の精をあつめ人力の精をつくして造りあげた酒、或人は一杯をふくんで白玉の歯にしみ透る味を楽しみ、或人は三杯の酒に陶然として歓喜の情を催し、或いは十杯を重ねて夢幻の境に遊び、百杯にして唯我独尊の快に浸る、一方で酒は百悪の源泉と罵られながらも今日まで亡びないのは言うに言われぬ功徳があるからである」

日本酒に魅せられた外国人

日本酒を日本人以上に、こよなく愛する外国人も増えてきた。

二〇一八年。東北のナンバーワンの日本酒を決める東北清酒鑑評会の評価に二人の外国人が加わった。

その一人、米国人のジョン・ゴントナーは三年間、評価員を続けた。

オハイオ州生まれのゴントナーは大学では電子工学科を卒業した。文部省（現・文部科学省）の英語教員として来日して二年目の一九八九年に同僚に誘われた店で日本酒を飲んだ。

飲んでいるうちにワインと同じように味が変化していくことに気づいた。「こんな面白い酒質の酒があるのか。ワインも幅は広いが、日本酒の方が奥深い」と魅せられた。

いまや、日本酒に詳しい外国人の第一人者だ。「日本人も知らない日本酒の話」「日本酒がうまい大人の居酒屋 東京編」といった本も出版。世界最高権威とされる酒の審査会「インターナショナル・ワイン・チャレンジ」（ＩＷＣ）の日本酒部門の審査員も長年務め、全国新酒鑑評会の審査を担ったこともある。

二〇一八年の東北清酒鑑評会の純米酒の部で最優秀賞となったのが「会津中将」だった。

ゴントナーは、こう講評した。

「バナナを連想させる香りに続き、豊かな風味と控えめな甘みが感じられ、香味のバランスがよくとれている。特に、軽快な余韻が素晴らしい」

英国人のクリストファー・ヒューズは二〇一九年の鑑評会で評価員を務めた。

ロンドンに生まれ、英国の大学で日本語を学んだ後、日本の食材を扱う会社に就職した。「南部美人」の久慈浩介が訪英して催した日本酒勉強会に参加したのをきっかけに日本酒の仕事に携わるようになった。

ゴントナーが書いた日本酒の本で勉強し、ロンドンに本部がある世界最大のワイン教育機関「WSET」の日本酒上級講師を務める。

「レベルは高いが、奥深い純米酒を期待していたので物足りなかった」

流暢《りゅうちょう》な日本語で、審査した出品酒について手厳しく語ったが、日本酒の魅力を、こう話す。

「奥深さに加え、繊細さが日本酒の特徴だ」

その年の純米酒の部で最優秀賞となった山形県酒田市の「上喜元《じょうきげん》」を、こう講評した。

「バターを思わせる蒸し米の香りを持つハーブのような風味、マシュマロ、麦芽や綿菓子が口の中で弾けた後、舌でとろける。軽やかでありながらしっかりとした味で、あふれるうまみとかすかな苦みによってその力強い味が高められる」

ゴントナーの方は、こうだった。

「花と蜂蜜の香りと絶妙にコントロールされた控えめな酸味がもたらす、豊かでうまみ引き立つ風味」

評価員に外国人を加えたのには、日本を訪れた外国人旅行者の日本酒消費と海外への輸出を増やそういう狙いがある。受賞酒の講評の原文は英文なので、受賞蔵は外国人向けに生かせる。

ワインのように海外で日本酒が広まるにはどうしたらいいのか。

日本酒を毎日飲むというゴントナーが課題に思っているのは「ソムリエのように日本酒を説明できる人が海外のレストランにいない」という点だ。

ゴントナーは言った。

「それぞれの銘柄が持つ歴史のストーリーはどんな国でも受け入れられる。それを売りにすべきだ」

一方、ヒューズは、こう思っている。

「ワインと比較されるので香りの高い日本酒の方が売りやすいかもしれないが、料理とのペアリングを考えれば、うまみの乗った純米酒の方が合う。純米酒こそ、海外に広めるべきだ。日本人こそ、こんなにうまい酒の魅力に、もっと多くの人が気づくべきだ」

世界に通用する酒

酒を海外に輸出し、世界を見据える蔵元は増えている。寫樂を造る宮森も、その一人だ。

地方の酒蔵にとって、製造量が二千石に達するのは偉業だ。一升瓶にすると、20万本になる。

「飛露喜」の廣木酒造本店は千八百石、「一歩己《いぶき》」の豊国酒造は千石、「廣戸川《ひろとがわ》」の松崎酒造は八百石で、人並み外れた蔵でないと二千には到達しない。

寫樂の宮泉《みやいずみ》銘醸は一時期二千五百石まで増やした。

酒造期間は十カ月にわたった。最後の一カ月間は製造機械に負荷がかかりすぎて不具合が相次ぎ、修理しながらの酒造りとなった。これ以上の増量は新しい蔵を建てないと無理だと判断し、宮森は二千石に戻した。

「経営を父が握っていたら、自分の思い通りにはできなかっただろう」

宮森は、そう言う。

酒蔵の世界では息子がやりたい酒造りを父親が頑として認めず、親子が険悪な状態でいる蔵元は珍しくないが、宮泉銘醸は違った。

二〇二〇年。コロナ禍で飲食店が休業に追い込まれ、酒を飲める場が消えた。造った酒の出荷先がなくなり、その年の酒の仕込み自体を取りやめる蔵元もあった。ほとんどの蔵元が製造量を減らさざるを得なかった。

宮泉銘醸の製造量は落ちなかった。酒蔵にとって、主戦場である飲食店への出荷がなくなったのは痛手だ。だが、個人客が冩樂を購入してくれた。それを担ってくれたのは従来から取引のある酒屋の店主たちだった。インターネット販売に振った酒蔵元もあったが、酒屋を通してしか酒を売らないというやり方を変えなかった。

各地に地酒を売りにする酒屋は増えたが、劣化して「老ねた酒」を客に平気で売りつける店もある。宮森は自分が信頼した酒屋にしか酒を出さない。商品の本当のよさは人づてにしか伝わらないと思っている。泉屋の佐藤広隆が酒質に注文が厳しいのは、その酒と心中してもいい覚悟で扱ってくれているからだと、宮森は疑わない。

寫樂は通年商品の「純米酒」「純米吟醸酒」に加えて「赤磐雄町《あかいわおまち》」「備前雄町《びぜん》」「播州《ばんしゅう》山田錦」といった各地の銘柄米を取り寄せ、季節ごとに限定品を多く出している。客を飽きさせないための戦略も生き、個人客に「また別の酒も飲んでみよう」という気にさせた。

ただ、そうした販売戦略とは離れ、宮森が追い求めている酒質の高さへのこだわりに、先輩の廣木も驚嘆する。

「飽くなき探究心に狂気を感じることもある。自分が酒屋だったら宮森義弘が造る酒を、どんなことがあろうが手放さないだろう」

宮泉銘醸の蔵の中には大学の最新実験室のような分析室がある。

アルコール度数、酸度、日本酒度（糖度）、アミノ酸度……。酒を仕込む醪の発酵度合いを見極めるのに必要なデータを二十分ほどで計れる分析器が並んでいる。毎朝、タンク内の醪を蔵人たちが採取し、濾紙《ろし》でこしてビーカーに取り、成分を調べる。二十検体まで同時にこなせ、室内には機械音が鳴り続ける。

醪の温度を上げるべきなのか、下げた方がいいのか。発酵をより促すための追い水をいつ打つべきか、醪をすぐに搾った方がいいのか。

その年の米の特徴と、これまでの経験、そして、計測したデータを踏まえ、宮森が蔵人たちに指示を出す。

どの酒蔵も蔵ごとに酒を搾る時期の目安を判断する計算式を持っている。昔は式自体が「秘中の秘」で扱うのは杜氏だけという時代もあった。蔵元にすら教えない杜氏も当たり前のようにいた。

実家に戻る前、システムエンジニアをしていた宮森からすれば、エクセルの表で簡単に計算できてしまうが、計算式は順番制で蔵人たちに書かせた。全員の蔵人に自分の体で覚えてもらいたかった。機器を導入する前、計測は手作業だった。担当する蔵人ごとに数字はばらついた。酒質を安定させるためには正確なデータが必要だった。後から味を検証できるようにデータは蓄積している。

人手不足もあり、地方の小さな酒蔵では酒造り自体の機械化が進んでいる。

麹と米と酒母《しゅぼ》と水を入れて醪を仕込むタンクはボタン一つで温度管理できるものがある。タンクの外側に冷媒を通すことによって冷却する仕組みで「サーマルタンク」と呼ばれる。多くの酒蔵が取り入れている。手仕事だった麹造りも、自動で麹ができる機械に変わりつつある。蒸し米に上下から風を送ることで除湿や加湿をプログラム制御で加減して的確な麹を造ることができる。蔵人たちが夜通し、麹を見守る必要はなくなり、勤務は通常の会社のように日中だけという酒蔵もある。蔵人たちが手ぬぐいを頭にまき、温度が高い麹室《こうじむろ》の中で上半身裸になって米を手でかき混ぜるという光景は少なくなった。麹を自分の手で造ったことがない蔵人も、いまや珍しくない。

だが、宮森は手造りにこだわった。

ほかの蔵からうらやまれる数の酒を造りながら、醪のタンクの温度調整も麹造りも、昔ながらの人の手によるやり方を変えない。

日本酒とは何かという、宮森の明確な考えがあるからだ。

「日本酒は自然の恵みで造られている」と言う人も多いが、宮森は、その表現は間違っていると思っている。

見えない微生物と向き合い、五感を駆使して対話を重ねて「声」を聞き、最高の状態で発酵させていく。人間にしかできない技で、自然に委ねるのではなく人の手で酒に昇華させている。

そう考える宮森は二〇一六年、自分にとっての頂点の酒を造った。

特A地区の山田錦を使い、精米歩合を十八パーセントまで磨き「寫樂　純米大吟醸　極上一割八分」と名前をつけた。四合瓶（七百二十ミリリットル）で税別2万円という高額だ。現在は「純米大吟醸　極上二割」（税別2万1000円）。それを武器に宮森は海外への日本酒の普及を狙う。蔵には取引を求める英語の電話が頻繁にかかって来るようになった。

残っている課題は会社の規模と人材だ。

宮森は言う。

「海外で思う存分に暴れるにはニューヨークなど、海外に支店がいる。それこそ、気心が知れて自分の分身になれる弟や同級生が十人ぐらいいてくれたらと思う。上場したり、M&A（企業買収）したりして会社を大きくする必要もある。そこが中小蔵の限界ではあるが、日本酒はワインよりもはるかに優れた技術で造られている。世界から求められる日は必ず来る」

競争をやめた

宮森が目標にした「飛露喜　特別純米」が世に出てから二十年がすぎた。

三十四歳だった廣木は五十六歳になった。そしていま、六十歳の自分を考えている。

酒造りに自信がまだ持てない若いとき、泉屋の佐藤から「猫背になっていてはだめだ。もっと堂々と振る舞わないと」と、よく叱られた。佐藤には廣木がいつも不安がっているように見えた。

「どんなに苦しくても蔵元は胸を張っていなければだめだ。やせ我慢でもいいから、自信のある顔をしていないと」

佐藤に、そう言われた廣木は、ほかの酒と競うことで自分を奮い立たせてきた。父親が亡くなり、借金を抱えた蔵を継いだ自分にとって、酒造りは一人息子を育てていくための「飯の種」でもあった。妥協を許さず、その厳しい姿勢を周りにも求めた。実家に戻ったばかりの宮森には「ちゃんと利き酒をしろ」と怒った。

トップ集団での争いは熾烈《しれつ》で、下から突き上げを食らう。常にほかの酒の利き酒をし、いいところがあれば盗んだ。気になる酒があれば、自分の酒の方がうまいと感じるまで食べ合わせや飲む温度を変えて利き酒を繰り返した。そうしないと安堵《あんど》できない夜があった。

日本社会自体が「勝つことが重視され、がんばれば報われる」といった「新自由主義」がもてはやされた時代と重なり、自分もそこに身を置いた。常に競争していることで安心が得られた。

泉屋の佐藤は焼酎「百年の孤独」で知られる宮崎県高鍋町の老舗焼酎メーカー黒木本店に廣木を連れていったことがある。出張中、廣木は携帯電話を気にしてばかりいた。蔵人からショートメールで醪の温度の数字が随時送られてきた。「温度を何度上げろ」といった指示を廣木はすぐにメールで返していた。

「目の前の米から珠玉の一本を造る芸術的な才能は自分にはない」

廣木は飾らずに、そう話す。

気候によって毎年状態が違う米から日本酒はできる。年によって当たり外れがあるほど味が異なるワインと違い、日本酒は、ほぼ変わらない。変わらないように造り手が仕立てているからだ。

廣木は言う。

「自分が人より多少秀でている力があるとすればブレンド力だ」

何本も造るタンクの酒をどう合わせれば、いつもと同じ味になるのか。その調整力がずば抜けていると県内の若手の造り手たちは舌を巻く。

世の中がおいしいと評価する味は揺れ動く。五年もすぎれば変わってしまう流行と自分のめざす酒の味と、どう折り合いをつけたらいいのか、どの蔵元たちも頭を悩ませる。

香りも味も濃さも自分が描くストライクゾーンのど真ん中をめがけて廣木は球を投げた。日本酒の「メートル原器」でありたいと意識してきた。「一メートル」の基準として用いられていた合金製の棒のことだ。飛露喜よりも香りがある、飛露喜よりも軽やかだ。飲み手に、酒の味を言い表すときの指標の一つになってもらいたかった。

「世の中に『絶対的な正義』がないように『絶対的なうまさ』もない。でも、野球の野村克也監督がよく言っていた『勝ちに不思議の勝ちあり。負けに不思議の負けなし』という言葉が好きで、売れない酒には必ず理由がある」

廣木は、そう話したうえで、この二十年を振り返る。

「百メートル走に例えれば『十一秒』の記録を『十秒』に縮めるのは簡単だった。三十代のときは階段を二段、三段跳ぶ感覚で酒を造ることができた。自分の『引き出し』が固くても力ずくでこじ開けて対応した。だが、どんどん競争が激しくなると『十秒』から『九・九秒』に縮めるレースになった。紙一枚ほどのわずかなレベルで酒質を向上させていかなければならなかった」

廣木は、蔵元の後継者らが学ぶ福島県清酒アカデミーで講師を務めるとき、決まって、こう話す。

「酒がうまいのは当たり前の時代なので若い後継者が地方の蔵に戻り、がんばっていますというストーリーは東京の人たちには飽きられている。残念ながら近道はない。会社のトータルバランスを上げていくしかない。東京の酒屋と話すときの言動もそう。着ていく服も評価の対象になる。信用が置ける人間なのか、相手は、それを見定めている」

「自分が造りたい酒と売れる酒が一致できれば幸せだ。無限の時間があるわけではないから、東京で評価される酒に合わせていく必要がある。でも『いつか自分が造りたい酒を』という気概を持ち続けてさえいれば、それが蔵にとっての魅力になる」

鈴木賢二は福島県ハイテクプラザに勤務していたとき、廣木酒造を訪れて感心したことがある。通常は二日間で終える麴造りを、その日は麴の状態から、さらに二時間引っ張って五十時間かけて完成させていた。麴室《こうじむろ》にまわす酒米は朝しか蒸さないので、延びた時間が二時間であっても蒸す作業には入れず、工程は丸一日遅れる。その後の出荷計画を考えれば躊躇する場面なのに、廣木は迷いもせず、たんたんとこなしていた。

「悩む選択肢があったら、ほかの蔵がやらない道を選ぼう。最初のころから、それでやってきましたから」

廣木が、そう言ったのを鈴木は覚えている。

その厳格な造り手が五十歳をすぎてから、他人との勝負をやめた。新商品もこの五年は出していない。このまま踊り場にずっといるのも悪くないと思っていた。

だが、最近の日本酒界の流れに、まだまだ終わってはいないと思い定めるようになった。

令和型の流通

近年注目されているのは十四代や飛露喜のような名酒ではない。飲食店や酒屋では、飲んだことがない斬新な酒を客から求められるようになった。

廣木は言う。

「ブルゴーニュの白ワイン『ムルソー』のような深い味をめざし、どの料理にも合う食中酒として『飛露喜　特別純米』を造ってきた。だが、一流のレストランでソムリエが『この料理には飛露喜が合います』『十四代がおすすめです』と言っても客は喜ばない。めったに来ない店に来たのだから、いままで飲んだことがない珍しい酒を飲みたいと思う。だから店側も、客が面白がり話題にできる酒を求めるようになってきた」

廣木が周りから求められ、ランクが上の「大吟醸酒」を売り出したのは二〇一三年だ。特別純米酒は現在、税別で２９００円。大吟醸酒は原料費が上がるので、値段は特別純米酒の倍になってしまう。「倍の喜びを飲み手に提供できるのか」と最初はためらったほどだ。

だが、いまは四合瓶（七百二十ミリリットル）で10万円を超す高級酒も珍しくはない。資本がある異業種からの参入も続いている。

酒の売られ方自体が劇的に変わっている。

芸能人と蔵元がコラボした特別な酒がサイトで売られ、注目を浴びる。蔵元自身がＹｏｕＴｕｂｅを駆使しながら希少な酒をネットで限定販売し、人気酒となる。

泉屋の佐藤は言う。

「市場はどんどん多層化している。仕掛け人であるプロデューサーが提案した酒を蔵元が手を挙げて造るスタイルまで登場している。令和型の流通なのか、はやりのファッションのように話題を集めれば、一過性の酒で十分という発想だ」

危機感を持ち始めている老舗の蔵元も多い。日高見《ひたかみ》を造る平井孝浩も、その一人だ。

「実力のある酒屋に認めてもらうより、芸能人に評価される方がうれしいと言う若い蔵元までいる。癖のある個性の強い酒が出てくれれば、客も面白がり、話題になる。だが、変わり種の酒が広がれば、品質が安定せず、逆に日本酒嫌いになる人が増えるのではないかと心配している」

伝統文化が変わってしまうのではないか、という危惧である。

時代の橋渡しを

飛鳥時代から奈良時代までの和歌が収められた「万葉集」に大宰府の長官を務めた大伴旅人《おおとものたびと》の「酒

を讃《ほ》めし歌十三首」がある。その中にこんな歌がある。

験《しるし》なきものを思《おも》はずは一坏《ひとつき》の濁《にご》れる酒を飲むべくあるらし

「何のかいもない物思いをするくらいなら、一杯の濁り酒を飲むべきであるらしい」という意味だ。

古代から、酒が持つ価値は偉大だった。

大伴旅人は、こんな歌も残している。

価《あたい》なき宝《たから》といふとも一坏《ひとつき》の濁《にご》れる酒にあにまさめやも

「価の知れない珍宝といっても、一杯の濁酒にどうしてまさろうか」の意味だ。

万葉集には酒宴を楽しむ農民の歌もある。酒が一部の上流階級のものだけではなく、すでにその時代には民衆の間に広がっていた。

大化の改新（六四五年）の翌年には、農民に農作の月は田作りに励み、「美物と酒は喫《くら》はしむべからず」という禁酒令まで公布されている。

酒は時代とともに進化を遂げ、室町時代の応仁の乱が終わるころには宮中で「十種酒」という名前の利き酒大会が催されていた。

加藤辨三郎編『日本の酒の歴史―酒造りの歩みと研究―』によると、十人ずつの二組の判定人が、準備された三種の酒をまず飲んで味を覚え、次に出された十点の酒が、そのうちのどれなのかを当てる手順だったのではないかと推測されている。

戦国時代の後期には玄米の糠《ぬか》を削った精白米で酒を仕込む「諸白酒」と呼ばれる酒が誕生し、今日の酒の原型になった。

時代を超え、酒造りは次の時代へと受け継がれてきた。

令和に入り、廣木は、はせがわ酒店社長の長谷川から、こう言われた。

「純米吟醸とか大吟醸とか、いっさいやめてしまえ。俺がいちばん好きなのは『飛露喜　特別純米』だ。特純だけ造っていればいいんだ」

宴席で長谷川はかなり酔っていた。激しい言葉に周りにいた蔵元たちは戸惑った。

だが、廣木は最高の褒め言葉と受け取った。

原点でもある「飛露喜　特別純米」は自分の人生そのものだからだ。

酒は古くから「神」と結びついてきた。

神事や祭礼といった特別な日には神前に御神酒《おみき》が供えられ、霊の宿った御神酒を、ご利益があると振る舞われた。

酒造りの九十九・九パーセントは解明されていると、廣木は思う。でも、いくらバイオテクノロジーが進化しても、解明できない部分は残っていると感じる。

年に三、四回は「神の雫《しずく》」と思える抜群の酒ができる。経験を踏めば、神の雫に近づけると思っていたが、違った。年に七、八回に増えたかと思うと、やはり三、四回しか遭遇できない年もある。神の雫だと思った酒を翌日に飲むと「ふつうの酒」に感じることもある。自分の体調によるのか、そもそも本当に存在しているのか。

その神秘がある限り、酒造りはたんなる物づくりを超えた存在だと思う。

毎年八月に酒造計画を立て、酒米を発注し、九月十七日に洗米を始める。酒の仕込みが終わる甑《こしき》倒しは翌年の五月二十五日で、そこから六月末にかけ、酒を搾って火入れをし、瓶に詰める。

そうやって、毎年を過ごしてきた。

廣木酒造にホームページはない。ツイッターやフェイスブックなどのSNSのアカウントもない。マーケティングも苦手だ。でも、そうしたツールを駆使した新しい酒が脚光を浴びる時代になっている。

海外のブランド品のように日本でもマーケティング費や広告費がつぎ込まれ、デザインが工夫された高額のブランド品が次々と登場した。そうした世界と比べると、昔ながらの日本酒業界はあぐらをかいてきたと、廣木は思う。「戦争」という不幸な歴史があったため、日本酒は、いかに安い酒を造るかに時間と技術が割かれ、ヨーロッパの貴族文化の中で育ったワインにはまだまだ及ばない。

だが、造り手も売り手も飲み手も、自分の生き様を投影できる対象だから、どの時代も日本酒が光を放ち得たと、廣木は疑わない。

「地方の酒蔵はどこも経営が大変で、蔵元の長男は貧乏くじを引いたようなものだった。酒屋は商売道具として見るのではなく、自分が気に入る酒を我が子のように客にすすめてくれた。若い蔵元が同年代の酒屋とタッグを組み、お互いに主張をぶつけながら銘柄を成長させてきた。消費者の多くもうまい酒を飲めばいいというだけでなく、蔵に思いをはせて応援してくれた」

百花繚乱《ひゃっかりょうらん》とも言える新しい酒が次々と登場し、新たな売り方が増える中、廣木は新たな目標を見つけた。

自分で飲んで好きなのは、やはり五臓六腑《ごぞうろっぷ》に染み渡る酒だ。日本酒の文化が絶えなかったのは、そういう酒が時代ごとに存在していたからだと思う。

その流れを途切れさせないために、伝統を引き継いできた自身の酒と新時代の酒とをつなぐ「架け橋」になりたい。それが自分の役まわりではないか。

入
揚

13
備前

第八章　高く、高く

限界集落で酒米作り

松崎祐行《ひろゆき》が「廣戸川《ひろとがわ》」を造る天栄村には、茅葺《かやぶ》き屋根の古民家や温泉宿がある湯本という山間《やまあい》の地区がある。日本芸術院会員でもある漫画家のつげ義春のお気に入りの地で、有名作品「無能の人」の景観描写に出てくる。

松崎酒造から車で四十分ほどの場所にある湯本地区の田んぼで、松崎が廣戸川の原料にする酒米の半分が作られている。高齢化で担い手がいない限界集落の休耕田（四ヘクタール）を活用し、二〇一八年から米作りを始めた。

村が荒れていく光景が松崎には忍び難かった。

作っているのは福島県が開発した「夢の香《かおり》」という品種だ。前の杜氏《とうじ》は「砕けやすく、扱いづらい米だ」と言っていたが、松崎は米に力強さを感じた。

味わいのある酒をめざす松崎にはぴったりで、吟醸酒や純米酒はすべて夢の香を用いている。いまは村で収穫する量は三百俵ほどだが、いずれは全量を村産で賄《まかな》おうと考えている。

湯本地区の米作りを託したのは、半世紀以上の米作り歴がある岡部政行。松崎の三十四歳年上だ。

東日本大震災の後、東京であった復興支援の催しに天栄村も出店した。廣戸川を振る舞う松崎と同じテントで、村の農産物を売っていたのが岡部だった。

松崎の実家とは親戚筋で、十九歳のときに松崎酒造で配達の仕事をしていたと聞かされ、米作りを頼んだ。

岡部は「米作り名人」として県内外で知られる存在だった。岡部が、かつて会長として率いた天栄米栽培研究会は全国の稲作農家が腕を競う「米・食味分析鑑定コンクール国際大会」で金賞を九年連続で受賞した実績がある。米の品評会は大きく二つあり、地域の品種ごとに「特A」「A」などと評価される日本穀物検定協会が主催する検定と、個人・団体で競う米・食味鑑定士協会主催のコンクールだ。

松崎と同じように木訥《ぼくとつ》な岡部は廣戸川を「飲み口はよく、毎年どんどんいい酒になっている」と評価する。自分にとって子どものような松崎を「杜氏」と呼んで「杜氏は酒造りが向いているんだろう。ガッツがある」と話す。

松崎が湯本で酒米を作り始めたのは夢の香の生育に適した場所でもあったからだ。標高は六百メートルと高く、水温は夏でも十五度と低い。水量も豊富で、粒の大きな米が収穫できた。

廣戸川は二〇一四年の「ＳＡＫＥ　ＣＯＭＰＥＴＩＴＩＯＮ」の「Ｆｒｅｅ　Ｓｔｙｌｅ部門」で一位になりながら、その成功を酒の販路の開拓に結びつけることはできなかった。

自分の不甲斐《ふがい》なさを痛感した。

「このチャンスに乗っていくしかない」

松崎にアドバイスした地元・福島の大先輩、廣木健司もがっかりした。

「寫樂《しゃらく》」を造る先輩の宮森義弘のように、酒質も上げながら製造量を増やす腕力は自分にはないと、松崎はわかっていた。量を増やしても質が追いつかないことは目に見えていた。受賞後に相次いだ注文を受けるわけにはいかなかった。

松崎は酒造りを始めた一年目に福島県清酒アカデミーで講師を務めた廣木に教えられた言葉を思い出した。

「まずはタンク一本の酒を自分の手でしっかりと造り、それを自分の足で売ることを大事にしろ」

全国の第一線で活躍している造り手たちの器用さが、うらやましかった。子どものころから学校の勉強もスポーツも苦手だった。目の前の仕事を自分のできる範囲で一つひとつこなしていくしかない。東京市場に出しても恥ずかしくない酒を造れるよう、まずは足腰を鍛えよう。勝負は、その後だ。

松崎は、そう決意した。

プロ野球の選手にとって、シーズン前のキャンプ期間中の取り組みが大事な意味を持つように、松崎も酒造りが始まる前にその年の課題を明確にした。

例えば、ある年はできたての酒を瓶に詰める前に、生酒のまま常温にさらされる工程があったため、それを改めた。搾りたての酒は生きている。放っておくと鮮度は落ち、飲み手のもとに届いたときに変な臭いが出かねない。そのため、搾った直後の酒は低温の貯蔵タンクに入れていたが、瓶詰めする前に移し替えるタンクが常温だった。冷蔵できるタンクに変えた。

麹《こうじ》を造る麹室《こうじむろ》を作り替えた年もあった。東日本大震災の揺れでゆがみ、隙間から空気が入り込んでいた。福島県ハイテクプラザの鈴木賢二から、燻製《くんせい》のような「4VG」と呼ばれる臭いが廣戸川に生じるときがあると、たびたび指摘されたからだ。麹室の外から雑菌や、蔵の空気中にある野生酵母が麹室の中に入り込まないようにするためだった。

いったん酒造り期間に入ってしまうと、その年の最初に立てる酒造計画に沿って作業を進めるため、途中で大きな変更はできない。前の年の反省から課題を一つ選び、翌年に克服していった。

松崎がずっと念頭に置いているのは居酒屋で飲んでもらう酒だ。酒造りを始めてから、それは変わらない。香りが華やかなカプ系の酵母は、全国新酒鑑評会などの出品酒として造る大吟醸や、季節限定の一部の酒以外は使っていない。香りが華やかすぎると、つまみの邪魔をすると思うからだ。

以前は、定番の「廣戸川　特別純米」でも使っていた。仕込んでいる間、蔵全体が華やかな香りでぷんぷんになり、鼻につくときがあった。「俺が造りたいのは、こういう酒じゃない」と思った。

松崎は言う。

「カプ系の酵母を使うと酒は派手になるが、通年用の市販酒で上手に使いこなせている造り手は実は、そう多くない。酒の崩れ方が早いので、しっかりとした酒にするために、すぐに火入れができる高い技術が求められる。できた酒を何度で保管するのかの判断も極めて難しい」

カプ系の酵母を使った酒造りはハイテクプラザの鈴木が広げ、全国新酒鑑評会の金賞の定番にもなり、松崎も実践してきた。金賞受賞を続けられたおかげで、廣戸川の知名度も増した。だが、居酒屋で飲む酒には合わないと感じた松崎は「廣戸川　特別純米」など、通年用の酒には甘みが穏やかになる酢イソ系の酵母「TM-1」を選んだ。福島県が開発した、カプ系ではない酵母だ。

鈴木に伝えると「そうか」と言われた。

松崎の心配をよそに、手応えのある酒ができあがった。売れゆきが気がかりだったが、東京市場だけでなく地元でもちゃんと売れていった。

松崎がめざす「居酒屋酒」のための工夫は多岐にわたる。

一升瓶の栓を開けた直後よりも時間がたつにつれて、うまいと感じてもらえるように造っているのも、そのためだ。ピークを「開栓後四日目」に持って来るように設計しているのは、居酒屋で扱ってもらうとき、一週間で一升瓶を飲み切ってもらうためだ。

大型冷蔵庫を備えた飲食店にしか卸さないという蔵元も少なくないが、松崎は店が保管する温度にはこだわらない。常温で飲んでもらう酒として最初から造っている。どんな状態でも劣化しづらい「強い酒」を造ることは、うまい酒を造ることと同じように大事だと、松崎は思う。

水もそうだ。日本酒の約八割は水でできている。どんな水を使ったかで、酒の味は変わる。山に囲まれる天栄村の地下水のほとんどは軟水だが、あえて蔵の敷地から湧き出る中硬水の井戸水を使っている。ミネラルやマグネシウム、カルシウムなどの成分が豊富に含まれているので「キレがいい」酒ができる。口の中が洗い流されたようになるため、口の中はリセットされ、食と酒が、また進む。松崎が思い描く酒の飲まれ方だ。

飲み疲れしないように、酒に含まれるアミノ酸も極力抑えている。

もう一つ、仕掛けがある。

飲んだときに、あえて引っかかりを感じる酒にしているのだ。

心地いい味だったら、飲み手は一杯飲んで満足し、次の銘柄に移ってしまうだろう。おやっと感じさせる味に仕立てることで「何だろう、これは」と、もう一杯頼むはずだ。そう画策していた。

「後ろに隠した苦みが、ちょっとだけ出るようにしている。バランスの中の不調和みたいなもの。苦みは米が溶けたときに出る成分で、鈴木先生から『苦みは消すように』と指導されてきたが、あえて少しだけ残した」

二〇二二年七月にあった仙台日本酒サミットで廣戸川の講評を担当したのは、大阪の酒屋だった。銘柄がわからない状態で利き酒をし、誰の酒かを知らされないまま、酒屋の男性はマイクで感想を述べた。

「香りは穏やかだが、口に含んだときに芳醇香を感じた。香りが鼻に抜けたときに少し苦渋《にがしぶ》を感じた。これが味にメリハリをつけている。毎日通う居酒屋に置いてあれば、一日の疲れを癒やしてくれる酒だ。酒屋としては、迷っている人がいれば、決めうちで自信を持ってすすめる。確実に喜んでもらえるだろう。ワンランク上の酒と感じた」

聞きながら、松崎は満足げな表情でにんまりとした。

「酒って何だろうか」と、いつも考えている。「平凡な、その日一日を終わらせるものかな」と最後は行き着く。だから、言われたコメントが、なおさら、うれしかった。

有名銘柄と肩を並べる

初めて造った酒で平成二十三酒造年度の全国新酒鑑評会で金賞に入って以降、コロナ禍で金賞の選定がなかった令和元酒造年度を除き、松崎は十回連続で金賞受賞が続く。

二〇一四年に一位に輝いた「ＳＡＫＥ ＣＯＭＰＥＴＩＴＩＯＮ」も、その後は入賞の常連になった。二〇一六年には四百一点が出品された純米酒部門で二位に。大先輩の「飛露喜」は五位にとどまり、松崎が上まわった。翌二〇一七年は九位、二〇一八年は吟醸酒部門で六位、二〇一九年も純米酒部門で七位に入った。二〇二〇年と二〇二一年はコロナ禍で大会が中止になったが、全国の有名銘柄と常時、肩を並べる存在になった。

居酒屋向けの気張らない酒として造っているのに「ＳＡＫＥ ＣＯＭＰＥＴＩＴＩＯＮ」で入賞が続くのは、廣戸川の酒質の高さを物語っている。

特別に仕込んだ酒で出品する全国新酒鑑評会と、市販酒を対象とする一般の品評会の両方で好成績を続ける酒蔵は、そう多くない。有名銘柄を造る蔵元からすれば、すでに市場で高い評価を得ているので、全国新酒鑑評会での金賞に力を注ぐ必要はない。

松崎は全国新酒鑑評会の出品酒に、いまも最大限の力を注いでいる。出品酒造りが、その年の酒造りの初めの時期に当たるため、酒米の状態や扱い方などで気づいた点が市販酒造りに必ず生きると考えるからだ。

「新酒鑑評会の酒は上位三割近くに入れば金賞を取れる。でも、百点をめざしてぎりぎりの酒造りをすることで、その年の米の傾向もつかむことができる」

松崎は、そう話す。

廣木が「飛露喜　特別純米」に精力的になるように、松崎にとっても居酒屋酒である「廣戸川特別純米」が特別な酒だ。原料や設備に倍の費用をかければ、もっとうまい酒になる。でも、倍の値段に見合う満足感を飲み手が得られるか。松崎には、そうは思えない。だから、3千円以下の値づけにこだわる。

二〇一九年の福島県の春季鑑評会で廣戸川は純米酒の部のナンバーワンである知事賞に輝いた。県の鑑評会の金賞に選ばれたのは上位十四蔵と限られ、全国新酒鑑評会で金賞に入るよりも競争は激しい。その中でトップになった。

続く秋季の鑑評会でも純米酒の部で知事賞を得て、手練《てだれ》の杜氏がそろう福島県の中で不動の地位を確実にした。

松崎は県の酒造組合の技術委員にも就き、自身が酒造りを学んだ清酒アカデミーで若手の蔵人《くらびと》たち向けの講師も務めるようになった。

知事賞の受賞後、尊敬していた県内のベテラン杜氏から「松崎、俺の酒の味はどうだ？」と尋ねられた。緊張して何も答えられなかった。

「一歩己《いぶき》」を造る矢内賢征《やないけんせい》は、ライバルにまた先に行かれたという悔しい思いを持ちながらも、松崎のもとにお祝いの大きな胡蝶蘭を贈った。

松崎は酒造りを始めたとき、決めたことがある。最初の五年間は特別なことをせず、同じ米、同じ酵母、同じ作業を続けることで自分の経験値を上げ、力をつけようと。

始めてから八年後の二〇一九年。松崎は踏み出した。

瓶詰めするための蔵を新たに建てた。

松崎酒造では醪《もろみ》を搾った酒を、熱交換器を使って加熱殺菌の火入れをしている。車のエンジンの熱を冷却するラジエーターのような仕組みだ。六十一度で瓶に詰め、そのままにしていると、酒の熟成が進んでしまうので、すぐに水のシャワーを噴きかけるトンネルのような機器に通し、二十分かけて二十度まで下げ、冷蔵庫に保管する。

いままでは蔵人たちが手作業で一週間ほどかけ瓶詰めしていた。一時間で千本の瓶を自動で充塡《じゅうてん》できるようになり、五時間で終わるようになった。借金の支払いは五十歳まで続く。

酒質を維持するのに欠かせない設備だった。製造量が増えたことで「出口」の作業が詰まっていた。あと一日、醪を発酵させる日数を延ばしてから酒を搾りたいと思っても、後ろの製造日程が決まっているために待てない日があった。瓶詰めする日から逆算して酒を搾らなければならなかった。酒を搾るいちばんいい状態に当たればいいが、搾る時期が一日ずれ、百点だった酒が七十点になってしまう日もあった。

松崎は言う。

「いちばんいい熟成の時期を見極め、瓶詰めができるようになった。麴室を新しくしても、その酒を飲んでわかる人はいない。でも、搾りの時期や酒の保管を含めた下流工程が改善されると、飲み年がすぐに気づくほど酒はフレッシュになる」

自分しか造れない酒を

廣戸川を造り始め、十年以上がすぎ、三十八歳になった。

一年目は自分の「引き出し」がなかったため、酒造りで迷うことはなかった。意図しない方向に進んでもリカバーする力がないから「迷いようがなかった」と言った方が正確だ。

いつも苦労したのは、温度変化の判断が難しい醪造りだった。明日寒波が来るとわかれば、それに向けて対応する。でも、予想以上に醪の温度が下がってしまうことがある。その日のうちに温度を戻すのか、急に戻すと酵母にストレスが生じるから、何日かけてゆっくりと戻すのか。発酵の状況を確かめながら判断しなければならない。二年目、三年目のときは自分でいじるのが怖くて、温度が下がったら下がりっ放しで「うまくいってくれ」と神頼みをしていた。でも、自分の「引き出し」が増えてくると、判断に迷いはするが、その状況の中で一番いい引き出しを開けられるようになった。

同じ十度の温度でも、上がってきての十度か、下がってきての十度かで状態は違う。見えない要因を想像し、手を打たなければならない。早く行こうとトンネルをくぐるのか、焦らずに峠道を行くのか。最初の二択を間違えると、ずれは後々大きくなり、取り戻せなくなる。温度変化のグラフが、きれいな曲線のカーブを描けば、いい酒になるが、合わないときはどこかで失敗している。

　ＧＰＳがない時代、船乗りたちは鉛筆とコンパス、三角定規、分度器で海図を描き、大海原を航海し、正確な時間に行き先に到着するのが船長の腕だった。杜氏の仕事は、それと似ている。自分が描く酒質に到達できるようにそれぞれの工程を進め、ずれが生じれば軌道修正する。最初に酒を造ったとき、醪のアルコール度数が十四度のまま上がらず、発酵がとまりかけて慌てた。いまは自分でコントロールして狙って十四度に持っていくことができる。

　杜氏になったとき、松崎酒造の製造量は二百石だった。すべて普通酒で、一升瓶で2万本だ。年に1万本ペースで伸び、二〇二二年は四倍の八百石まで増えた。始めて八年後の二〇一九年に特別純米酒や純米吟醸酒など、特定名称の酒の製造量が普通酒を上回った。松崎酒造がある天栄村に酒蔵は二軒あるが、かつては二十軒ほどあった。次々と廃業していった。それがいま、福島県だけでなく東北の酒蔵では「後継者問題」という言葉はもう聞かれない。成功例がどこにでもあるからだ。

　大先輩の廣木から「酒蔵は量を造らなければだめだ」と幾度となく諭された。製造量を増やすことは蔵の経営のためだと思っていた。だが、それ以上の理由があることがわかった。

　量をこなさないと、酒質は上がらない。酒のおいしさと製造量は比例するんだと、ようやく気づいた。自然に暴れる発酵を人が制御することで酒ができる。どううまく制御できるかで、いい酒になるかどうかが決まる。多くのタンクを仕込み、その一つひとつと真剣勝負をして向き合うことで、暴れ馬という「敵」を「味方」にすることができた。

　大吟醸酒のような特別な一本をいまは当たり前のように、ふつうに造れるようになった。「ＳＡ

KE COMPETITION」で一位になったとき、十軒ほどだった県外の取引先の酒屋は三十軒を超す。海外から「取引したい」という申し出も毎月のように舞い込む。海外の会社と契約するときは電話で済ませず、実際に蔵まで来てもらう。どういう思いで自分が酒を造っているのかを理解してもらいたいからだ。シンガポール、台湾、スウェーデンの三カ国に輸出している。

ただ、製造量は廣木や「寫樂」の宮森義弘の蔵の半分にも届いていない。はせがわ酒店社長の長谷川浩一からは「二千石をめざせ」と言われる。

でも、一千石を少し超えるぐらいが自分の身の丈だ。宮森や廣木たちがいる福島県の蔵でなければ「一千石」自体も分不相応だったと、松崎は思う。

松崎が、酒造りで重きを置いているのは商品としての「再現性」だ。ワインと違い、日本酒は欠点をそぎ落として造られてきた歴史があるので、もっと個性があっていいと、松崎は思う。しかし、造り手が意図した個性なのか、たまたま、そうなってしまった酒なのか。

「偶然できたような『個性』ある酒が市場に出まわっていることも珍しくないが、マイナスポイントを個性にはできない。十人が飲んで一人がおいしいというのも個性かもしれないが、その味をちゃんと再現できなければ商品ではない」

以前は、矢内が造る「一歩己」に始まり、同世代の造り手の酒をいつも意識していた。どういう味をめざし、どんな製造機器を蔵に入れているのか、気になってばかりいた。

「十四代」や「飛露喜」「醸《かも》し人《びと》九平次《くへいじ》」に近づきたいという野心があった。東京市場には「怖さ」がつきまとう。酒質を上げて攻め続けないと、はじき出されてしまう。そう感じていた松崎は、先輩たちが言う百のアドバイスをすべて聞いた。

だが、三十歳をすぎたころ、自分らしく酒を造っていこうと思うようになった。ほかの酒と競ったり、流行を追ったりすることはなくなった。

気づかせてくれたのは、天栄村にある野菜や山菜、川魚といった地元の素朴な食材だ。雪深い会津は保存食が多く、甘い酒が合う。ここは違う。出荷量のうち、四割は東京を中心とした県外だが、それ以上の六割は地元の人たちが飲んでくれている。東京市場で目立つことを優先し、よりインパクトの強い酒を追い求めることはやめた。

華やかな酒になるカプ系の酵母を通年出荷する市販酒で使わなくなったのも、そのためだ。

週に二日、仕込みの合間をみて五キロほど蔵のまわりの田園の中をゆっくりと走るようになった。仕事柄、酒を飲む機会が多く、健康のバランスを崩して太りすぎた体を戻すためだったが、無心になる時間を持ちたかった。

ほかの酒を意識しなくなると、自分の酒の輪郭がしっかりと見えてきた。不思議と醪もストレスなく造れるようになった。福島県ハイテクプラザの鈴木には「もっと甘くしろ」と言われる。はせがわ酒店の長谷川からも「松崎は、まだまだだなあ」と指摘を受ける。

二人が描く酒質と廣戸川が離れているからだ。

でも、自分の酒を寄せるつもりはない。

「いい酒」とは暮らしの中に入り込んでいる「日常の酒」だと松崎は思う。

全国新酒鑑評会で金賞を受賞した酒を特別銘柄として売る蔵元も多いが、松崎は、そのまま市販酒に混ぜてしまう。醪から酒を搾る作業は月に一回とか、週に一回ではなく、仕込みの間は毎日続く。酒を飲むことと同じように酒造りも特別なことではない。日々同じ作業を繰り返すことに喜びを感じ、それが自分の性に合っていると思う。

十七歳年上の廣木は言う。

「自分たちの世代が練習で百回素振りをしているとすれば、松崎は五十回しかしない。自分の若いときは先輩の倍素振りをしなければと思ってやってきたが、彼らの世代は同じ土俵で人に勝とうとか、まったく考えていないのかもしれない。僕らとは違う道を歩んでいる。でも、それでいいんだと思う」

「金賞」十一年連続を逃す

二〇一六年五月。一歩己を造る矢内は失意の中にいた。

全国新酒鑑評会で福島県から十八銘柄が金賞に選ばれ、都道府県別の金賞受賞数で四年連続の日本一に県内は沸いた。十一年連続の金賞をめざした矢内の豊国酒造は金賞には選ばれず、入賞どまりだった。

豊国酒造は県内最多の金賞連続受賞を更新中で、絶対に落とせないと臨んだ鑑評会だった。出品酒のできも悪くはなく、自信はあった。

矢内は言う。

「金賞受賞が続いていたら、きっと慢心していたと思う。自分の酒造りを振り返る、いい機会になった」

その三年後、矢内は数千万円を投じて新たな設備を蔵に入れた。

原料の酒米を蒸すための「甑《こしき》」だ。

ライバルの松崎は同じ年、瓶詰めの蔵を新たに建てた。松崎が下流工程から酒造りを高めようとしたのに対し、矢内は上流工程からの立て直しを図った。

豊国酒造では一回に大量の六百キロの米を一時間かけて蒸す。麹菌が繁殖しやすいように粘り気のない米に仕上げなければならない。それまでの甑は蒸気が弱いため、米の中まで蒸気が十分に届かないことがあった。新たな甑は高温の蒸気で米を蒸す仕組みで、圧力も調整できた。その日の気温や気圧に関係なく、むらのない蒸し米が仕上がった。

麹はよく育ち、酒も以前より、米のうまみが乗った味になった。酒を搾った後に残る「酒粕」の量で、酒の中に米が、どれだけ溶けたかがわかる。甑を変える前後で酒粕の量は同じだったが、酒の味は驚くほどよくなった。

「今年の米は溶けすぎたから、酒の味が濃くなった」

「米が溶けないから、味が薄くなった」

日本酒の世界では毎年のように造り手たちの間で、そんな言葉が飛び交う。

矢内は、その言い方が、酒のできの悪さの責任を農家に転嫁しているようで嫌だった。

矢内は言う。

「農家からすれば、自分たちが一生懸命作った米をバトンとして蔵元に渡している。どんな米が届こうが、最大限いい酒に昇華させるのが造り手の腕の見せどころだ。米のせいにするのは酒造りがうまくいかなかった言い訳をしているだけだ」

甑を入れ替えたのは米を大事に扱いたかったからだ。

酒米の多くは地元で取れる美山錦《みやまにしき》を使っている。

全国新酒鑑評会で金賞を落とした翌年の平成二十八酒造年度から、矢内は再び、金賞受賞を続けている。そして、甑を入れた二年後の二〇二一年三月に福島県春季鑑評会の吟醸酒の部で念願の知事賞に輝いた。

今度は松崎から、大きな胡蝶蘭が届いた。

矢内は、翌二〇二二年九月の秋季鑑評会でも純米酒の部で知事賞を獲得した。

子育てしながら酒造りを支える

矢内の初の知事賞受賞を福島県ハイテクプラザの鈴木以上に喜んだ、鈴木の部下がいた。福島県川俣町生まれの中島奈津子だ。

二〇一一年一月。中島は県内の酒蔵の巡回指導で、矢内がいる豊国酒造を訪れた。

蔵の杜氏の簗田《やなだ》博明が造る酒を利き酒するのが目的だったが、ハイテクプラザでの半年間の研修を終えたばかりの矢内が酒を搾っていた。「一歩己」という名前をまだつける前で矢内が初めて仕込んだ酒だった。

矢内は六つ年上の中島に声をかけた。

「奈津子先生。酒、造っちゃいました」

矢内が酒を造っていることを知らされていなかった中島はできたての酒を口にすると、顔をしかめて言った。

「何これ?」

アルコール発酵はしていたが、まるで飲めた酒ではなかった。醪に水を入れすぎたため、味が薄く、ペラペラな酒だった。

矢内の「伝説的な、まずい酒」として仲間内で、いまも笑いのネタになっている。

矢内と松崎の同世代で、仲のいい若手の造り手が、福島県にはほかに三人いる。

会津坂下町《あいづばんげまち》で「天明《てんめい》」を造る鈴木孝市、喜多方市で「弥右衛門《やうえもん》」を造る佐藤哲野《てつや》、南会津町で「山の井」を造る渡部景大《けいた》だ。みな、清酒アカデミーで酒造りを学んだ。

酒のイベントや雑誌の取材があると、五人がそろって登場することも多い。

佐藤が二〇一五年に県の鑑評会で知事賞を取ったのを皮切りに二〇一六年に鈴木、二〇一九年に松崎、二〇二〇年には渡部が続いた。五人の酒造りをスタートから見守り続けてきた中島にとって、一人残されていた矢内の受賞が我がことのようにうれしかった。

中島は、東北大学大学院の博士課程在学中に福島県職員採用選考予備試験(醸造に関する技術職)に合格。農学研究科を中退して県職員として採用され、ハイテクプラザに研究員として配属された。

もともと日本酒好きで、大学時代の夏休みには新潟、山形、宮城と酒蔵めぐりをした。

ハイテクプラザには酒蔵から麹や醪の検体が持ち込まれ、それを分析するのが主な仕事だった。だが、蔵元が真っ先に頼るのは、ほかの職員たちだった。失敗が許されない中で酒造りをしているのだから、新人が任せてもらえないのは当然だと思った。

一年目の冬。「早く分析結果がほしい」と持ち込まれた麹の検体の分析データを翌日に蔵元に渡した。すると、蔵元たちから任される件数は増えていった。そういうことだったのか。分析結果が早くわかれば、造り手たちは早く次の手が打てる。それが求められていたんだ。スピードこそが、この仕事の「肝《きも》」だと、中島は気づいた。

日本酒造りの仕組みは未解明なことが、まだまだある。

中島は、こんな話を教えてくれた。

アルコールを生み出す「酵母」一つを取っても、数多くの酵母が自然界に存在する中で、なぜ日本酒造りに使われる「清酒酵母」だけが、厳しい環境下にあるのに旺盛に発酵を続けるのか。清酒酵母がアルコールに強い耐性があるからだと、これまで考えられてきた。だが、そうではなく、ストレスを感じるセンサーが清酒酵母は麻痺状態になるため、ワーカホリック（仕事中毒）状態になって働き続けていることが、酒類総合研究所の最近の研究成果でわかった。

中島のもとに松崎から「俺、にごり酒、やりたいんです」と電話が入ったのは二〇一四年十二月だった。まだ一歳にならない長男を自宅で抱っこしていた。

「ちょっと、ちょっと。まず、子どもを寝かしつけるから待って」

中島は、そう返事をした。

にごり酒は醪を搾るときに目の粗いフィルターなどを使うことで、発酵で溶けた米などの滓《おり》を残す。濃厚なコクが味わえ、発泡感も楽しめるが、難易度は高い。滓の分量や貯蔵の仕方など、時間をかけて松崎に説明した。二〇一四年からスタートした「廣戸川　純米にごり」は改良を重ね、主力商品の一つとなった。

「お客さんにミスったものは出せませんから」

松崎と接していると、その言葉が、よく出て来る。

福島県酒造組合が主催する鑑評会の運営を仕切るなど、福島県の造り手たちの中核の存在になっているのが松崎世代だ。

中島は言う。

「彼らは後から出て来る若い世代をたたくことはせず、自分たちの酒造りの技術をさらけ出し、引き上げてくれる。頼もしいと思う」

負けてはいられない。

松崎から「にごり酒を始めたい」と電話がかかってきたときに抱いていた息子は二〇二〇年四月、小学校に入学した。自分ももっと学び、日本酒造りを支えたい。

中島は改めて博士号を取得しようと、ハイテクプラザの職員を続けながら大学院を受け直し、その年、自身も一年生になった。

「信長」と「家康」

二〇二一年七月。矢内は三十五歳で豊国酒造の社長を継いだ。

六十九歳になった父から「替わるか」と突然言われた。「いずれ」とは思っていたので「来たか」と矢内は思った。

五人の社員を含む十一人で酒を造っている。実家に戻ったときに六百石だった製造量は千石まで伸びた。

出荷先も製造量も即決で判断できるのは新鮮だ。

今年収穫した米で、今年の酒を造り、それを味わう。百年後の味を模索しているのではなく、いまを楽しむ。酒造りが毎年めぐって来るのは意味があると思えるようになった。

社長になり、これまで二階建てのビルから見ていた光景を、もっと上の三階とか四階から見下ろさなければならなくなった。見なければいけない部分が増えた。

「今日もっと、できた仕事があったんじゃないか」

「社員に押しつけの指示をしてしまったが、もっとこう言えば、次の行動につながったんじゃないか」

寝る前に後悔することは多い。

社長になったとき、思い定めたことがある。

漫画の『ONE PIECE』に出て来る海賊船のような会社でありたい。船長である「社長」はいい蔵にしようと航海している。船員である「蔵人」たちには、それぞれの暮らしがある。家族との時間をより大切にしたい蔵人もいれば、酒造り以外にやりたいことがある蔵人もいる。自由に出入りして会社という「船」を使ってもらいながら、それぞれが人生を楽しんでほしい。

先輩の廣木や宮森が社長でいながら、現場に立っているように矢内もまた、蔵元杜氏であり続けている。毎朝六時五十分には蔵に入り、午前九時半まで作業し、その後に社長業をこなす。酒造りの醍醐《だいご》味は手放したくない。

孫のようにかわいがってもらった、前の杜氏の簗田が話していたあの言葉を思い出す。

「よりいい酒を造るということは、その分、高みに上がるということだから一歩間違えれば、真っ逆さまに落ちてしまう。建物の屋上の端っこを歩くような、ぎりぎりの作業だ」

その心境がわかるようになった。

特に醪造りは緊張の連続だ。うまく発酵が進んでいるときは心地いいが、いったんバランスが崩れると右手に十キロ、左手に九十キロの重りを持ち、風が吹いて揺れる平行棒の上を歩いているような感じだ。

もう一人の師匠である鈴木賢二の教えが自分にとっての「教科書」だった。だが、五年ほど前から、自分流で攻めるようになった。醪の温度を七日間かけ、ゆっくり十一度まで上げながら醪を発酵させていくというのが鈴木の鉄則だ。それを四日間で十一度まで一気に上げるやり方に変えた。

矢内は言う。

「競馬でも、先行型の馬もいれば、追い込み型の馬もいる。醪の発酵に適したやり方は蔵ごとに違う。一週間かけて、だらだらと発酵させて引っ張るより、元気に発酵しているときは先行型の馬のように抑えることをせず、伸び伸びと勢いよく行かせようと思った」

香りが開き、味が締まった酒ができた。

醪はいつ見てもダイナミックだと思う。微生物の息遣いに耳を澄ませ、発酵がどう進むのかを見極めて自分の土俵に持ち込み、人の手でコントロールする。生かすも殺すも造り手次第だ。会心の醪ができたときは酒を搾る朝からテンションが上がり、高揚感がある。

酒造りを始めて間もない十年前は、まだ見ぬ世界がきらきら輝いているように思えた。いつか到達できる日が来ることを望んで目の前の一本を根気よく造った。一本が二本になり、二本が十本になり、百本になった。めざした世界を飛び越え、その先まで歩めるようになった。酒造りは一年周期で巡って来て、その年の味を楽しむことができるからこそ、価値があると思う。

一歩己は日本酒を特集する雑誌にも取り上げられるようになった。酒造りに自信を持てるようになったのは古殿町《ふるどのまち》に戻って五年ほどだ。仕事で東京に出向いたとき、卒業以来、途絶えていた大学の友人たちに連絡を取った。「実家に戻って酒造りをしているんだ」と伝え、一緒に酒を飲んだ。

廣戸川も一歩己も扱っている会津若松市の古老の酒屋店主、横野邦彦が、まだ二十代だった松崎と矢内を比べ、松崎が「織田信長」、矢内が「徳川家康」だと表現したとき、矢内は、それを聞き、松崎にジェラシーを感じた。

「絶対的なヒーローとしては信長だ。松崎さんには勝てそうな気がするけど勝てない。松崎さんの酒はまねできない。『神の雫』を彼は持てるが、俺は持てない」

矢内は当時、そう思った。

勉強ができるとか運動が得意とか、そんなことに関係なく周りが寄って来る同級生をいつも意識するような子ども時代だった。自分は勉強も運動もできるのに、どうしたらそうなれるのか。同級生の所作をまねたこともあった。まさに松崎が、その同級生のような存在に思え、ねたんだ。

いまは家康こそが蔵元の理想型だと思う。江戸幕府が二百年以上も存続したように豊国酒造という酒蔵が何代にもわたって続くための役まわりを、自分もしたい。

「紡ぎ手」になりたい

二〇二二年一月。豊国酒造に地元の子どもたちが集まった。

矢内は蔵の中を案内し、酒を造るために一日に茶わん7千杯分の米を蒸していることや、一年間に一升瓶で10万本分の酒を造っていることを紹介した。古殿町の町民が案内人になり、地元の魅力を伝え合うという、町の取り組みの一環だった。

古殿町は面積の約八割が森林という林業の町だ。町に六つあった小学校は震災直後に一つに統合された。その小学校の横の田んぼで、矢内が造る一歩己の酒米が育てられている。

矢内は田舎の町が嫌で東京に出た。目の前にある田んぼの米で造られた商品が東京で売られていることを子どもたちが知れば、きっと自信にもつながる。そう思って、子どもたちに稲刈りを手伝ってもらっている。

「酒造りを始めたころは町の人たちを避けて『勝手に東京で古殿を宣伝して来るか』みたいに思い上がっていた。周りを見ると、面白い仲間がたくさんいた」

矢内は、そう話す。

いちばんの親友は林業をしている同じ三十代の水野広人だ。「TOKIO」の城島茂と国分太一、松岡昌宏の三人が古殿町の木を伐採し、名刺や看板を作ったテレビCMが二〇二一年に話題になった。山林の撮影場所を提供し、伐採方法を指導したのが水野だった。

町には疾走する馬の上から矢を的に射る流鏑馬《やぶさめ》という伝統行事がある。馬は町外から連れてきていたが、文化を継承しようと町が購入した三頭の馬を育てている若手がいる。酒米を作ってもらっている農家は、老舗旅館に勤めながら二〇一八年にUターンした三十代の小沢嘉則《よしのり》だ。接客業をいかして実家では民泊も営む。東京出身で、結婚を機に移住してきた四十代の女性洋裁師は豊国酒造で使い古した酒袋でバッグを製作したところ、ネットで人気商品になった。

矢内に新たな目標ができた。

「農家が思いを込めた米を酒の造り手である自分がつなげ、その先に飲み手がいる。地域や伝統、文化、町の環境、人々の思い。多くのものが紡がれて日本酒ができている」

自分の役割は「紡ぎ手」になることだ。地元の人たちが誇れる酒蔵を築きたい。

そう思い定めた矢内は二〇二二年十月、町の人たちが自由に交流でき、展覧会などの催しもできるスペースを蔵の中に作った。キッチンも設け、食事を楽しむこともできる。「kuranoba」

と名前をつけた。お披露目会の初日にはカフェと洋裁のワークショップが催され、地元の多くの家族連れが訪れた。

原発事故が起きたとき、矢内は両親から「東京に車で逃げろ」と促された。東京に姉がいた。「蔵は？」と尋ねると「蔵はいいから」と父は言った。蔵がどうとかの話ではなく、それこそ、この村にはもう誰も住めなくなるという話が町中に広がっていた。

逃げるかどうかを決められずにいる中、町に一軒だけあるセブン-イレブンに行くと、中学のときの同級生が偶然いた。「逃げないのか」と尋ねた。「俺は避難しない」と彼は言った。

その夜、町で仕事に就いている同級生四人で彼の家に集まり、酒を飲んだ。同じように家業を継いだ者もいれば、会社勤めもいた。「どうする？」という話が続く中、矢内は言った。

「俺も残る」

大学を卒業し、実家に戻ったのは東京でやることがなかっただけの理由だった。

古殿という町で、俺は暮らしていく。

初めて自分の意思で、そう決めた。

その後に生まれた二人の娘は小学一年生の七歳と、「こども園」に通う四歳になった。

休みの日は家族でよくドライブに行く。泊まる宿だけ予約するが、毎回、高速道路は使わず、カーナビも見ない。矢内は独身時代、旅行となると、きっちりと計画を立て、スケジュール通りに行動できると満足し、予定が狂うとイライラした。せっかく旅行をしているのに楽しめない自分がいた。だから、計画はやめた。

道に迷うと、娘たちは「どうなっちゃうの？」と、はらはらしながら喜んでくれる。

その先へ

酒造りを始めたころ、矢内と松崎の二人は、その年の新酒ができると持ち寄った。

「アミノ酸が多く、イガイガ感が出すぎている」

そんな批判をぶつけ合った。

その須賀川市の飲み屋で二人は、いまも落ち合う。いつのころからか、お互いの酒について言い合うことはなくなった。この五年ほどは近況報告ばかりだ。

コロナ禍は矢内と松崎の蔵にも影を落とした。製造量は、ともに一割ほど減った。

一年間の仕込みをやめたり、製造量の大幅減に追い込まれたりした蔵がある中で落ち幅は大きくはなかったものの、矢内は「十年間の貯金を切り崩している感じだ」と話す。

二〇二一年十一月。松崎は三十六歳で結婚した。相手の女性は八つ年下で、地元の信用機関に勤めていた。天栄村の隣の須賀川市に新居を構えた。松崎酒造から一時間近く離れているが、朝七時には蔵に入る。

松崎が杜氏になったとき、社員は両親と松崎の三人だけだった。その後、二十代と三十代の年下の五人が社員に加わった。

酒造りはチーム作業だ。蔵の空気を乱す社員がいると、松崎が注意する立場になった。叱るのは苦手だ。だが、チームの乱れは酒質に直結するため、目を背けるわけにはいかない。最近は全国新酒鑑評会の出品酒造りを若手に任せるようになった。失敗しかけるときもあり、いつも冷や冷やする。酒のことだけ考えていればよかったころと違い、社員の生活まで考えなければいけない。

そして、まだまだ自分の酒に満足はしていない。

日本酒の特徴の一つに飲んだときの「滑らかさ」がある。

松崎は、そこが気になっていた。

うまみを感じられる酒質にしているため、飲み干すとき、どうしても、ごくっとなってしまう。口に含んでから舌の上でとまらずに、一直線でのどもとを通りすぎるようにしたかった。わずかであっても料理の邪魔をしたくなかった。

松崎が取り組んだのは、原酒のアルコール度数を低くすることだった。

できたての酒である「原酒」は通常、アルコール度数が二十度前後ある。発酵が進むにつれてアルコール度数は上がり、自然の発酵でアルコール度数の高い酒ができることが日本酒の長所でもある。飲みやすくするために、原酒に水を加えて調整し、十六度前後までアルコール度数を下げて商品にしている。

アルコール度数が高いと、飲むときにアルコール自体の刺激が伴う。水で薄めてもアルコール分が浮いた感じがしてバランスがよくないと、松崎は思っていた。定番酒の「廣戸川　特別純米」をより滑らかな飲み口にするため、水で薄めず、最初から十五度台前半の原酒に変えたかった。

松崎は一年間に五十本ほど仕込むタンクのうち、二本をチャレンジタンクにしている。それまで、やったことがない造りを毎年試している。

アルコール度数を下げるため、酒のもととなる醪に最初から水を多く入れても、酵母が動けるスペースが増えて発酵が進み、逆にアルコール度数が上がってしまうことはわかっていた。発酵タンクに入れる麴の量を変えるしかないと思った。麴の量を増やすと味が濃く、甘酸っぱい酒になるというのが通説だ。だが、チャレンジタンクで試してみると、発酵の経過はさほど変わらず、酸が少し張ったものの、アルコール度数の低い酒ができた。

麴の量を、さらに増やしてみた。味のバランスが崩れる前のぎりぎりの時点まで待って酒を搾った。「十五度台前半」には届かなかったが「十五度台後半」を実現できた。

ただ、飲んでみると、アルコールの刺激がかすかにあった。

どうしたら「一直線でのどもとを通りすぎる」酒を実現できるのか。

答えは、まだ見つからない。

あとがき

「帰忘郷《きぼうきょう》」という名前の酒がある。

福島県大熊町で育った酒米で造られた純米吟醸酒だ。二〇二二年三月から売られている。地元の東京電力福島第一原子力発電所で起きた事故によって、大熊町の全住民は町外への避難を余儀なくされ、いまだ九割を超す人たちが町の外で暮らす。酒の名前には「故郷を忘れずにいる」との思いが込められている。

原発事故が起きたときの町長だった渡辺利綱《としつな》さんの大熊町の自宅で、その酒をいただいた。町の全域に国から出ていた避難指示が二〇一九年四月、一部の地域で解除され、戻った一人が渡辺さんだった。同じ双葉郡の浪江町で「磐城《いわき》壽《ことぶき》」を造る鈴木大介さんの遠縁でもある。

町長だったころ、渡辺さんはよく全課長を引き連れ、県内外にいる町民の避難先を訪れて懇談会を重ねていた。避難生活が長引いていらだつ住民たちから「いったい、いつになったら帰れるんだ」と罵声を浴び続けることも、たびたびあった。マイクロバスに乗っての帰路、同じ「被害者」なのに罵声に黙ってじっと耐え続ける課長たちに渡辺さんはいつも、近くのコンビニで買ったカップ酒と缶ビールを「これでも飲んで、また明日を迎えよう」と差し出していた。

町から頼まれて帰忘郷を完成させたのは「会津娘」を造る高橋亘《わたる》さんだ。事故の直後に大熊町の多くの住民を受け入れた自治体が、高橋さんが住む会津若松市で、その縁があった。

酒米が栽培された田んぼの近くには四百年を超す樹齢の杉が立ち並び、山の神様をまつった大山《おおやま》祇《づみ》神社がある。原発事故前は多くの参拝者でにぎわう場所だった。

昨年秋、その田んぼの前に立ってみた。聞こえてくるのは、風の音と野鳥の鳴き声だけだった。

帰忘郷の酒造りを支えた一人に山田美喜雄さんがいる。福島民友新聞社を定年退職し、復興支援員として大熊町で働いている。私の「日本酒の師匠」だ。

原発事故が起きたとき、東京電力だけではなく、政府の監視体制も批判の的になった。安全対策を監視する立場の原子力安全・保安院（当時）が、原発を推進する経済産業省のもとに置かれていたからだ。事故の十年以上前、その体制が築かれた省庁再編を政治部で取材した。当時、こんな重大な欠陥をはらんでいたことに気づきもしなかった。事故後、福島総局への異動希望を出し、二〇一二年に赴任した。

福島市で借りたマンションのそばにあった小料理屋に、いつもいたのが山田さんだった。「彩食おさい」というその店は、原発事故で同様に全村避難となった飯舘《いいたて》村出身の女性が営んでいた。原発が立地していた大熊町の担当に私がなり、避難先の会津若松市に通うようになると、山田さんは「日本酒の話も取材した方がいい」と言って「飛露喜《ひろき》」を造る廣木健司さんを紹介してくれた。会津に多くの酒蔵があることを知らなかった私に山田さんは、日本酒に関わる人たちのすばらしさを教えてくれた。後に知ったのだが、福島民友の社員時代に「Ｍｅ＆Ｙｏｕ」という別刷版の編集を担い、世に出たばかりの飛露喜を「銘酒誕生」と取り上げたのが山田さんだった。

福島県に五年、その後は宮城県石巻市にある支局に四年勤務した。失われた命や、ふるさとを追われた人の無念さと向き合わなければならない被災地での取材はやるせなさが募る。酒蔵取材をすすめられたのは、もどかしい気持ちでいっぱいだったときだった。

酒の造り手たちが発する言葉は力強く、含蓄があり、輝いていた。

政治部の後輩で福島総局デスクだった野上祐《ゆう》さんと、経済部出身で郡山支局長（現・高松総局員）の増田洋一さんと「おさい」で飛露喜を飲みながら「酒造りから福島の未来を考えよう」と盛り上がり、朝日新聞福島版で二〇一五年四月から始めたのが「酒よ」という週一回の連載だった。同僚たちも執筆し、私が石巻支局に異動する二〇一七年三月まで続けた。この本は、その連載がもとになっている。

「廣戸川《ひろとがわ》」を造る松崎祐行《ひろゆき》さんと「一歩己《いぶき》」の矢内賢征《やないけんせい》さんの話を取り上げたのが「酒よ」の第一部だった。タイトルは「若きライバル」。「中通り」の二人に焦点を当てたのは、酒処の「会津」ではない地でも、若い造り手たちがいる様を描きたかったからだ。

第一部が終わりかけるころ、ご高齢の女性から「私はお酒は飲めませんが、毎週楽しく拝見させてもらっています。二人の勝負はどうなるんでしょうね」と手紙をいただいた。野上デスクはニコニコしながら「記事の中で決着をつけないと終われませんよね」と私に迫ってきた。さて困ったと思いながら第一部の最後の回に、こう載せた。

二〇一〇年、矢内が酒造りを始めた。触発された松崎が翌年続き、二人はライバルになった。勝ったのはどちらか――。

「東京市場での知名度を含め、松崎さんの方が上」。矢内は素直に負けを認める。「でも、いつか超えたい。三十年後も変わらずに酒造りを競い合う間柄でいたい」

当の松崎も「上にいる意識を常に持っていたい」と優位は否定しない。それでも、「矢内君は底が見えない」。

連載終了から一年半ほどたった二〇一八年八月。東京本社の知的財産室の上野純子さん（現在・統合プロデュース本部）から出版を持ちかけられた。

その後、野上さんはがんを患い、任期途中で福島総局から政治部に戻り、自宅で療養を続けていた。私が出版の話を伝えると、こう喜んでくれた。

「松崎さんと矢内さんは、いまはどっちが太陽で、どっちが月ですかね。その後の物語がどう続いているか、ワクワクしますね」

それが野上さんとの最後の会話になり、四カ月後の二〇一八年十二月に四十六歳という若さで亡くなった。ニュースサイトに連載した自身のコラムをまとめ、野上さんが出した『書かずに死ねるか　難治がんの記者がそれでも伝えたいこと』（朝日新聞出版）という本がある。途中から手の力が弱まってパソコンのキーボードを打てなくなり、人さし指を使ってスマホで入力しながら書き上げた。彼に、どれだけ力をもらったことか。

出版まで四年以上もかかった。石巻支局がある石巻市は、東日本大震災で約4千人もが命を落とした場所で、追い切れないほど、伝えなければならないニュースがあった。本を出版する作業は手つかずになった。

朝日新聞出版の担当編集者の斎藤順一さんは「時代をへて色あせない物語があります。日本は、まじめさを売りに『技術立国』を誇ってきたのに、いまや大手企業でも偽装や改ざんがまかり通り、信用は地に落ちてしまった。日本酒の担い手たちは、こんなにも真摯に自分の仕事に向き合っている。世界に誇るべき話ではありませんか」と待ち続けてくれた。

その通り世界に誇れる、このすばらしき日本酒をもっと多くの人に飲んでもらいたいと思って、この本を書き上げた。古来から、どんどん進化してきた伝統文化の崇高さには驚かされるばかりだ。日本酒の担い手たちが、いろんな「縁」でつながっているように、ここには書ききれない多くの人たちのおかげで本にすることができた。誰か一人が欠けていれば、この本はできなかった。心から感謝したい。

消費量の落ち込みと廃業する蔵元の多さから、日本酒は完全な斜陽産業になっていると、本書では書いた。松崎さんと矢内さんの若い二人は、どう思っているのか。

二人がそろった場で聞くと、松崎さんも矢内さんも同じように、こう答えた。

「日本酒業界が斜陽産業だとは全然思っていない。五年後、十年後、二十年後の自分を考えるだけでワクワクする」

業績の悪化や、見通せない先行きから、自分が働く会社や業界を必要以上に卑下する人間はいくらでもいる。でも、彼らは違った。この先、苦労や難局がめぐって来ようが、それをはねのけ、新たな日本酒の歴史をきっと築いてくれるだろう。

東日本大震災や原発事故という逆境があったから、東北の酒蔵が奮起したと、よく言われる。その通りだと思う。でも、「逆境」がなくても、優れた数々の銘酒がきっと同じように世に出ていただろう。

「どうして、そう思う？」と聞かれれば「どの造り手からも、酒造りへの満ちあふれた情熱を感じたから」としか答えようがない。

その思いが「世界でいちばん熱い日本酒」というタイトルになっている。

本を手に取っていただいた方にお礼を申し上げるとともに、東北を訪れたことがない方は、一度足を運ばれることをおすすめします。お酒はもちろんですが、どこも食の宝庫です。米や魚、肉、野菜、果物、山菜と、季節ごとの旬の食べ物は豊富で、どれもおいしい。そして、何より温かい人情がある。

その魅力を、ぜひ楽しんでみてください。

岡本　進

引用・参考文献（※〔　〕内の頁数は、本文の該当ページを指す）

第一章　二つの新星

◆「廣戸川」　松崎酒造　http://matsuzakisyuzo.com/
◆「一歩己」　豊国酒造　http://azuma-toyokuni.com/
◆「ＳＡＫＥ　ＣＯＭＰＥＴＩＴＩＯＮ」　https://sakecompetition.com/
◆酒造り全般
日本醸造協会『酒造教本　東京国税局鑑定指導室編』（２００８年、日本醸造協会）
日本醸造協会『増補改訂　清酒製造技術』（２０１６年、日本醸造協会）
日本醸造協会『改訂　清酒入門―つくる人・うる人のために―』（２０１７年、日本醸造協会）
日本醸造協会『増補改訂　最新酒造講本』（２０１９年、日本醸造協会）
堀江修二『日本酒の製造技術Ｑ＆Ａ「日本酒の来た道」・技術編』（２０２０年、今井出版）
日本酒専門ＷＥＢメディア「SAKETIMES」https://jp.sake-times.com/
大内弘造『なるほど！　吟醸酒づくり―杜氏さんと話す』（２０００年、技報堂出版）
藤田千恵子『杜氏という仕事』（２００４年、新潮選書）
山内聖子『いつも、日本酒のことばかり。』（２０２０年、イースト・プレス）
◆発酵の仕組み
日本醸造協会「酵母のはなし」　https://www.jozo.or.jp/yeast/story/
竹田正久『清酒酵母の特性と生態』（２０２０年、東京農業大学出版会）
浜田信夫『カビの取扱説明書』（２０２０年、角川書店）
小倉ヒラク『発酵文化人類学』（２０２０年、角川書店）
◆東日本大震災があった年度の日本酒製造業者数〔11頁〕
国税庁課税部酒税課「清酒製造業の概況（平成23年度調査分）」の「1　清酒製造業者数の推移」
https://www.nta.go.jp/taxes/sake/shiori-gaikyo/seishu/2011/pdf/01.pdf
◆矢内賢征が母親から送られた本〔14頁〕　山同敦子『愛と情熱の日本酒―魂をゆさぶる造り酒屋たち』（２００５年、ダイヤモンド社、現ちくま文庫）

◆南部杜氏の歴史や人数〔16、32頁〕
岡市次治「南部杜氏の背景と現状　そしてわたしの酒造り」（日本醸造協会誌、１９９８年、93巻10号、７８４～７８７頁）
https://www.jstage.jst.go.jp/article/jbrewsocjapan1988/93/10/93_10_784/_pdf/-char/ja
岩手県酒造組合　https://iwatesake.jp/about/

◆昭和48年度と平成23年度の日本酒年間一人当たりの消費量の比較〔17～18頁〕
国税庁課税部酒税課『清酒製造業の健全な発展に向けた調査研究』に関する報告書（平成17年11月）」の「第1節　厳しい状況にある清酒製造業界」2頁　https://www.nta.go.jp/taxes/sake/kasseika/hokoku/pdf/02.pdf
国税庁課税部酒税課「酒のしおり（平成25年3月）」の「13　平成23年度成人1人当たりの酒類販売（消費）数量表（都道府県別）」38頁　https://www.nta.go.jp/taxes/sake/shiori-gaikyo/shiori/2013/pdf/006.pdf

◆昭和45年度と平成23年度の各酒類のシェアの比較〔18頁〕
国税庁課税部酒税課・輸出促進室「酒のしおり（令和4年3月）」の「12　酒類販売（消費）数量の推移」54頁
https://www.nta.go.jp/taxes/sake/shiori-gaikyo/shiori/2022/pdf/000.pdf

◆昭和58年度と平成22年度の酒蔵数の変化〔18頁〕
「清酒製造業の概況（平成12年度調査分）」の「1　清酒製造業者数の推移」
https://www.nta.go.jp/taxes/sake/shiori-gaikyo/seishu/2000/01.htm

◆原発事故による福島県民の避難者数〔19、21頁〕
福島県災害対策本部「平成23年東北地方太平洋沖地震による被害状況即報」の第48報（２０１１年3月18日）と第４１２報（２０１１年11月1日）
https://www.pref.fukushima.lg.jp/uploaded/attachment/418000.pdf
https://www.pref.fukushima.lg.jp/uploaded/attachment/419623.pdf

◆福島県ハイテクプラザ〔24頁〕　https://www.pref.fukushima.lg.jp/w4/hightech/

◆杜氏が製造責任者を担っている比率〔25頁〕
国税庁課税部酒税課「酒類製造業及び酒類卸売業の概況（令和3年調査分）」の「Ⅱ-1　清酒製造業」33～34頁
https://www.nta.go.jp/taxes/sake/shiori-gaikyo/seizo_oroshiuri/r03/pdf/04.pdf

◆「醸し人九平次」〔25～26頁〕　萬乗酒造　https://kuheiji.co.jp/

◆全国新酒鑑評会の審査方法など〔30、31頁〕
独立行政法人酒類総合研究所・日本酒造組合中央会「平成23酒造年度　全国新酒鑑評会入賞酒について」

https://www.nrib.go.jp/data/kan/shinshu/award/H23.html
独立行政法人酒類総合研究所・日本酒造組合中央会「令和3酒造年度　全国新酒鑑評会の審査結果について」
https://www.nrib.go.jp/data/kan/shinshu/award/pdf/r03by_pre.pdf
独立行政法人酒類総合研究所・日本酒造組合中央会「令和3酒造年度　全国新酒鑑評会開催要領」

◆日本酒の「等級」〔33頁〕
国税庁税務大学校の租税資料「酒税が国を支えた時代」の「4　戦後の酒と酒税」
https://www.nta.go.jp/about/organization/ntc/sozei/tokubetsu/h22shiryoukan/05.htm

◆矢内賢征、全国新酒鑑評会で初めての金賞（「東豊国」の銘柄で受賞）〔39頁〕
「平成24酒造年度　全国新酒鑑評会入賞酒について」
https://www.nrib.go.jp/data/kan/shinshu/award/pdf/h24by_report.pdf
https://www.nrib.go.jp/data/kan/shinshu/award/pdf/h24by_moku.pdf

◆全国新酒鑑評会の歴史〔39頁〕
西谷尚道「全国新酒鑑評会の時代変遷」（日本醸造協会誌、１９９３年、88巻6号）４３９〜４４８頁
https://www.jstage.jst.go.jp/browse/jbrewsocjapan/88/6/_contents/-char/ja
小穴富司雄「酒造業の推移」（日本醸造協會雜誌、１９７０年、65巻4号）３０７〜３１１頁
https://www.jstage.jst.go.jp/article/jbrewsocjapan1915/65/4/65_4_307/_pdf/-char/ja
篠田次郎『吟醸酒誕生―頂点に挑んだ男たち』（１９９３年、実業之日本社）68〜71頁

◆「鳳凰美田」〔41、46頁〕　小林酒造　https://hououbiden.jp/

第二章　福島の二つの巨星

◆三増酒〔58〜60頁〕
尾瀬あきら『夏子の酒（10）』（２０１２年　講談社、１４１頁）
加藤辨三郎編『日本の酒の歴史―酒造りの歩みと研究―』（１９７６年、協和発酵工業株式会社、非売品）２８２〜２９１頁
上原浩『いざ、純米酒　一人一芸の技と心』（２００２年、ダイヤモンド社）19頁
国税庁「酒税等の改正のあらまし（平成18年4月）」
https://www.nta.go.jp/taxes/sake/kaisei/aramashi2006/manufacture.pdf

◆廣木酒造本店のテレビ放映〔61～63頁〕
NHK「新日本探訪　寒仕込み　それぞれの冬～福島県会津坂下町～」（1998年2月8日）
◆火入れ〔66頁〕
『酒造教本　東京国税局鑑定指導室編』140～144頁
『増補改訂　清酒製造技術』345頁
◆「泉屋」〔69頁〕　https://www.instagram.com/meishuizumiya/
◆「十四代」の初雑誌掲載〔73～74頁〕　「SINRA」（1994年10月号、新潮社、休刊）36～63頁

第三章　新たな彗星

◆「寫楽」と「會津宮泉」　宮泉銘醸　http://www.miyaizumi.co.jp/

第四章　日本酒の進化

◆2021年の日本酒の製造免許場数と令和2酒造年度の製造場数〔122頁〕
「第146回　国税庁統計年報告書（令和2年度版）」の「酒税　8-5　免許場数」294頁
https://www.nta.go.jp/publication/statistics/kokuzeicho/sake2020/pdf/08_menkyojosu.pdf
国税庁課税部鑑定企画官「清酒の製造状況等について（令和2酒造年度分）」の「3　清酒の製造場数等」3頁
https://www.nta.go.jp/taxes/sake/shiori-gaikyo/seizojokyo/2020/pdf/001.pdf
◆令和2年度の日本酒の製造数量〔123頁〕
「第146回　国税庁統計年報告書（令和2年度版）」の「酒税　8-1　酒税関係総括表」279頁
https://www.nta.go.jp/publication/statistics/kokuzeicho/r02/R02.pdf
◆普通酒と特定名称酒との製造状況の比較〔123頁〕
「清酒の製造状況等について（令和2酒造年度分）」参考1
https://www.nta.go.jp/taxes/sake/shiori-gaikyo/seizojokyo/2020/pdf/001.pdf
◆普通酒の添加物〔123頁〕
国税庁「酒税法及び酒類行政関係法令等解釈通達」の「第3条　その他の用語の定義」

https://www.nta.go.jp/law/tsutatsu/kihon/sake/2-02.htm
国税庁「酒類の容器に表示しなければならない事項（酒類の表示方法チェックシート）」の「酒類の表示に関する説明事項（各品目共通）」　https://www.nta.go.jp/taxes/sake/qa/11/pdf/012.pdf
◆清酒の製法品質表示基準〔１２４〜１２５頁〕
「酒のしおり（令和４年３月）」の「18　清酒の製法品質表示基準」68頁
https://www.nta.go.jp/taxes/sake/shiori-gaikyo/shiori/2022/pdf/052.pdf
「酒税法及び酒類行政関係法令等解釈通達」の「第86条の6　酒類の表示の基準」
https://www.nta.go.jp/law/tsutatsu/kihon/sake/8-09a.htm
◆令和二酒造年度の都道府県別日本酒の製造量と普通酒の出荷量との比率〔１２６頁〕
「清酒の製造状況等について（令和2酒造年度分）」3頁
国税庁課税部鑑定企画官「清酒の製造方法別課税移出数量（実数）の推移」参考6
https://www.nta.go.jp/taxes/sake/shiori-gaikyo/seizojokyo/2020/pdf/001.pdf
◆「榮川酒造」と「花春酒造」の２０１５年の出荷量〔１２８頁〕
日刊経済通信社「酒類食品統計月報」（２０１６年2月号）
◆普通酒への批判〔１２８〜１２９頁〕
上原浩『いざ、純米酒　一人一芸の技と心』18〜21頁
◆普通酒の出荷量の昭和六十三酒造年度と令和二酒造年度の比較〔１２９頁〕
「酒のしおり（令和４年３月）」の「特定名称の清酒のタイプ別課税移出数量の推移」43頁
◆「奈良萬」の誕生と初雑誌掲載〔１３０、１３５頁〕
夢心酒造　http://www.yumegokoro.com/index01.html
「dancyu」（２００５年3月号）
◆「久保田」の誕生〔１３３〜１３４頁〕
朝日酒造　https://www.asahi-shuzo.co.jp/
嶋悌司『酒を語る』（２００７年、新潟日報事業社）１９０〜２０２頁
株式会社酒文化研究所・山田聡昭「流通システムの変化と酒造メーカーの戦略」の「フードシステム研究　第24巻1号　２０１７年）
◆セルレニン耐性酵母〔１３７頁〕
北里大学「大村智博士ノーベル賞受賞記念　大村博士の研究成果」

https://www.kitasato-u.ac.jp/nobelprize/research_result.html
石田博樹「創業380年超　月桂冠の酒造りと知的財産」（2019年）
https://system.jpaa.or.jp/patent/viewPdf/3273
月桂冠総合研究所「選んで育てて！香味豊かなオリジナル清酒酵母」
https://www.gekkeikan.co.jp/RD/sake/sake05/
◆最大の酒処〔141頁〕
灘五郷酒造組合　https://www.nadagogo.ne.jp/
伏見酒造組合　http://www.fushimi.or.jp/
◆「越乃寒梅」への評価〔141〜142頁〕
佐々木久子『酒縁歳時記』（1980年、鎌倉書房）50〜53頁
◆カプロン酸エチルの濃度が三倍〔147頁〕
国税庁課税部鑑定企画官「全国市販酒類調査結果（令和2年度調査分）」29頁
https://www.nta.go.jp/taxes/sake/shiori-gaikyo/seibun/2021/pdf/001.pdf
◆麹菌を使った酒造り〔148頁〕
国税庁「『日本の伝統的なこうじ菌を使った酒造り』調査報告」（令和3年12月時点版）
https://www.nta.go.jp/taxes/sake/koujikin/pdf/0021012-102_01.pdf
◆日本酒の歴史〔148頁〕
加藤辨三郎編『日本の酒の歴史―酒造りの歩みと研究―』の「中世寺院の酒造り」168〜185頁、表8・3
坂口謹一郎『日本の酒』「第四話　民族の酒　日本の酒の歴史」（2020年　岩波文庫）

第五章　東北の躍進

◆カネタケ青木商店　https://kanetakeaoki.jp/
◆「而今」〔155〜156頁〕　木屋正酒造　https://kiyashow.com/jikon.html
◆東北六県の酒蔵の数〔161頁〕
「酒類製造業及び酒類卸売業の概況（令和3年調査分）」の「都道府県別の事業者数及び取引状況」32頁
https://www.nta.go.jp/taxes/sake/shiori-gaikyo/seizo_oroshiuri/r03/pdf/all.pdf

◆宮城県の蔵元たちの偉業〔161頁〕
「平成28酒造年度　全国新酒鑑評会　入賞酒目録」
https://www.nrib.go.jp/data/kan/shinshu/award/pdf/h28by_moku.pdf

◆「美酒王国」を築いた秋田県〔163〜164頁〕
秋田県酒造協同組合「秋田の酒大百科」の「美酒王国秋田の歴史」「酵母の話」
https://www.osake.or.jp/sake/140129.html　https://www.osake.or.jp/sake/140225.html

◆宮城県の「純米酒宣言」〔164〜165頁〕
宮城県酒造組合「みやぎ純米酒倶楽部　第20号」（2018年2月）　https://miyagisake.jp/pdf/jyunmai_20.pdf

◆宮城県の純米酒比率の高さ〔165頁〕
「清酒の製造状況等について（令和2酒造年度分）」の「令和2酒造年度都道府県別清酒製造数量（アルコール分20度換算）」参考2
https://www.nta.go.jp/taxes/sake/shiori-gaikyo/seizojokyo/2020/pdf/001.pdf

◆「No.36株」麹菌〔167〜168頁〕
岩手県工業技術センター「新規オリジナル麹菌の特性の検討」（2021年7月、醸造技術部・佐藤稔英、米倉裕一）
https://www2.pref.iwate.jp/~kiri/info/symposium/R3_report/pdf/R3-7.pdf

◆「YAMAGATA」ブランド
山形県研醸会　http://kenjo.sakura.ne.jp/mpage1.htm〔169頁〕
山形県酒造組合「GI紹介」　https://yamagata-sake.or.jp/publics/index/143/〔170頁〕
「平成15酒造年度　全国新酒鑑評会入賞酒について」〔170頁〕
https://www.nrib.go.jp/data/kan/shinshu/award/H15.html
出羽桜酒造〔170〜171頁〕　https://www.dewazakura.co.jp/

◆特定名称酒のシェアの推移〔172頁〕
「酒のしおり（令和4年3月）」の「特定名称の清酒のタイプ別課税移出数量の推移」43頁
https://www.nta.go.jp/taxes/sake/shiori-gaikyo/shiori/2022/pdf/025.pdf

◆平成23年度と令和2年度の各酒類のシェアの比較〔172頁〕
「酒のしおり（令和4年3月）」の「12　酒類販売（消費）数量の推移」54頁
https://www.nta.go.jp/taxes/sake/shiori-gaikyo/shiori/2022/pdf/040.pdf

◆各酒類の売上金額の比較〔173頁〕

「酒類製造業及び酒類卸売業の概況（令和3年調査分）」の「図1．品目別売上（輸出）数量及び売上（輸出）金額構成比、【国内取引（酒類卸売業者）】」14頁
https://www.nta.go.jp/taxes/sake/shiori-gaikyo/seizo_oroshiuri/r03/pdf/02.pdf

◆日本酒の輸出状況〔174頁〕
全米日本酒歓評会　http://www.sakeappraisal.org/
「酒のしおり（令和4年3月）」の「39　最近の日本産酒類の輸出動向について」119頁
https://www.nta.go.jp/taxes/sake/yushutsu/pdf/0021010-203.pdf

◆「新政」〔177～187頁〕
新政酒造　http://www.aramasa.jp/
馬渕信彦企画構成『The World of ARAMASA 新政酒造の流儀』（2021年、三才ブックス）
一志治夫『美酒復権　秋田の若手蔵元集団「NEXT5」の挑戦』（2018年、プレジデント社）
山同敦子「新政　日本酒界の先頭をひた走る、唯一無二のピュアと信念」（dancyu、2022年3月号、プレジデント社）

◆乳酸菌を取り込んだ酒造りの歴史〔178～179頁〕
加藤辨三郎編『日本の酒の歴史―酒造りの歩みと研究―』の「中世の酒造技術」177～186頁

◆既成の乳酸剤を加える酒造りの手法を考案した醸造技師〔179頁〕
新潟県糸魚川市の「江田鎌治郎の業績」　https://www.city.itoigawa.lg.jp/7345.htm

◆きょうかい酵母〔180頁〕
「（財）日本醸造協会の歩み―創立70～100年を中心にして―」の「表-2これまでに、頒布され（現在頒布されているものを含む）たきょうかい酵母一覧」（日本醸造協会誌、2006年、101巻9号）682頁
上原浩『いざ、純米酒　一人一芸の技と心』の「酵母一覧」39頁

◆吉野杉の木桶〔186頁〕
「中川政七商店の読みもの」の「日本で唯一、大きな桶を作る桶屋。その技術を受け継ぐのは蔵人たちだった」（2019年1月）
https://story.nakagawa-masashichi.jp/80074

◆日本酒の輸出先と金額
「酒のしおり（令和4年3月）」の「酒レポート、最近の清酒の輸出動向、図11」5頁
https://www.nta.go.jp/taxes/sake/shiori-gaikyo/shiori/2022/pdf/001.pdf

◆「AKABU」〔187頁〕　赤武酒造　https://www.akabu1.com/

◆「宮寒梅」〔１８７頁〕　寒梅酒造　http://miyakanbai.com/

第六章　原発事故

◆「磐城壽」と鈴木大介の避難

鈴木酒造店　http://www.iw-kotobuki.co.jp/

道の駅なみえ〔１９０頁〕　https://michinoeki-namie.jp/

東日本大震災時の携帯電話の基地局の停止〔１９２頁〕　総務省「東日本大震災における通信関係の被害状況等」（２０１３年）
https://www.soumu.go.jp/main_content/000257110.pdf

原発事故後に酒蔵を貸した国権酒造〔１９６～１９７、２０６～２０７頁〕　http://www.kokken.co.jp/

原発事故前から酒を仕入れていた澤木屋〔２０３～２０５頁〕　http://sawakiya.jp/

原発事故前に残っていた鈴木酒造店の酵母〔１９５～１９７頁〕　鈴木酒造店・鈴木大介、福島県ハイテクプラザ会津若松技術支援センター・高橋亮、中島奈津子、鈴木賢二「山廃酵母の蔵固有微生物を用いた地酒『磐城壽』の復活」
https://www.jst.go.jp/fukkou/result/event/pdf/20140220_bunkakai2-1.pdf

避難先の山形県長井市にある成島焼〔２０５頁〕　山形県ふるさと工芸品「成島焼　和久井窯」
https://yamagata-furusato-kougei.jp/detail/03-03.html

上野敏彦『福島で酒をつくりたい「磐城壽」復活の軌跡』（２０２０年　平凡社新書）

◆福島第一原発事故時の状況と福島県浪江町の震災被害・避難の状況〔１９２～１９３頁〕

浪江町「浪江町　震災・復興記録誌　未来へつなぐ浪江の記憶」（２０２１年６月）の「3月11日初動期の対応」「発災直後の町の状況」「津島地区への避難」30～35頁
https://www.town.namie.fukushima.jp/uploaded/attachment/14466.pdf

浪江町「東日本大震災・福島第一原発事故の記録と5年間の歩み」（２０１６年２月）の「震災発生初期の状況」5～6頁
https://www.town.namie.fukushima.jp/uploaded/attachment/4612.pdf

浪江町「浪江町震災記録誌～あの日からの記憶～」（２０１７年３月）の「避難の経緯」60頁
https://www.town.namie.fukushima.jp/soshiki/1/18101.html

◆鈴木大介が避難した福島県川俣町で目撃した「原爆病院」の車〔１９４頁〕

日本赤十字社福島県支部『東日本大震災―福島の記録―』（２０１５年３月、第3章1（2）初動活動班の活動概要）98頁

https://www.jrc.or.jp/chapter/fukushima/pdf/fukushimanokiroku.pdf
◆東日本大震災と原発事故による犠牲者数と福島県の避難指示区域の状況〔202、206頁〕
復興庁・内閣府・消防庁「東日本大震災における震災関連死の死者数（令和4年3月31日現在）」
https://www.reconstruction.go.jp/topics/main-cat2/sub-cat2-6/20220630_kanrenshi.pdf
福島県ふくしま復興ステーション「避難指示区域の状況」
https://www.pref.fukushima.lg.jp/site/portal/list271-840.html
◆原発事故による農作物などへの被害〔207〜208、216頁〕
福島県新生ふくしま復興推進本部「ふくしま復興のあゆみ」〈第24版〉（平成30年12月）3頁
https://www.pref.fukushima.lg.jp/uploaded/attachment/307014.pdf
農林水産省作物統計調査「作況調査・令和3年産水陸稲の収穫量」
https://www.e-stat.go.jp/stat-search/files?page=1&layout=datalist&toukei=00500215&tstat=000001013427&cycle=7&year=20210&month=0&tclass1=000001032288&tclass2=000001032753&tclass3=000001162906
農林水産省大臣官房統計部「農林水産統計　平成22年産水陸稲の収穫量」
https://www.maff.go.jp/j/study/suito_sakugara/h2203/pdf/data1.pdf
福島県ふくしま復興ステーション「県産米の全量全袋検査」　https://www.pref.fukushima.lg.jp/site/portal/89-3.html
福島県商工会連合会「『福島県産品食品』に対する首都圏及び福島県内消費者の意識調査を実施」（2015年1月）
https://f.do-fukushima.or.jp/fuku-wp/pdf/270123_shouhishaishiki_pressrelease.pdf
◆「乾坤一」〔197頁〕　大沼酒造店　https://kenkonichi.com/
◆宮城県石巻市の被害〔198頁〕
石巻市「東日本震災関連情報」の「被災状況（人的被害）令和4年9月現在」
https://www.city.ishinomaki.lg.jp/cont/10106000/7253/20141016145443.html
◆「土耕ん醸」の酒米を造った丹野友幸〔202、206頁〕　未来農業株式会社　https://miralnogyo.com/
◆灘の宮水、京都の伏水〔208頁〕　灘五郷酒造組合「宮水」と伏見酒造組合「伏見の水」
https://www.nadagogo.ne.jp/climate/
http://www.fushimi.or.jp/guide/water.html
◆末廣酒造〔209頁〕　https://www.sake-suehiro.jp/
◆南部美人の久慈浩介が「YouTube」で発信した「被災地岩手から『お花見』のお願い②【南部美人】」（2011年4月）〔211頁〕

https://www.youtube.com/watch?v=UY0FtSqrMBc&ab_channel=HanaSakeNippon
◆福島・宮城・岩手3県の日本酒の東日本大震災後の出荷量の推移〔215〜216頁〕
「清酒製造業の概況（平成27年度調査分）」の「17　製成数量・課税移出数量の推移（都道府県別）」26頁
https://www.nta.go.jp/taxes/sake/shiori-gaikyo/seishu/2015/pdf/all.pdf
◆平成24酒造年度の全国新酒鑑評会の都道府県別金賞受賞数で福島県が「日本一」（その前年は2位）〔217頁〕
https://www.nrib.go.jp/data/kan/shinshu/award/pdf/h24by_moku.pdf
https://www.nrib.go.jp/data/kan/shinshu/award/pdf/h23by_moku.pdf
◆大森弾丸ツアー〔217〜218頁〕　https://www.facebook.com/dangan2012/
◆IWCのSAKE部門〔220頁〕　https://www.internationalwinechallenge.com/about-the-sake-competition.html
◆「会津娘」の土産土法〔221〜226頁〕と穣シリーズ〔232〜234頁〕
高橋庄作酒造店　https://aizumusume.co.jp/
有吉佐和子『複合汚染』（1979年、新潮文庫）
石原信一『会津地酒紀行』（2004年、歴史春秋出版）の「高橋庄作酒造店」64〜83頁
山同敦子『極上の酒を生む土と人　大地を醸す』（2013年　講談社+α文庫）の「会津の土と魂が生み出す純米酒」135〜142頁
◆酒米の王様「山田錦」〔226〜232頁〕
兵庫県立農林水産技術総合センター研究報告「酒米品種『山田錦』の育成経過と母本品種『山田穂』『短稈渡船』の来歴」（2005年）
兵庫県・兵庫県酒米振興会・JA全農兵庫「兵庫県産山田錦生誕80周年記念パンフレット」（2016年）
http://www.hg.zennoh.or.jp/agriculture/kome-mugi/pdf/80th_anniversary.pdf
山同敦子『日本酒ドラマチック　進化と熱狂の時代』（2016年、講談社）の「酒米ドラマチック」162〜187頁

第七章　日本酒とは

◆花春酒造　https://hanaharu.co.jp/
◆鶴乃江酒造　https://www.tsurunoe.com/
◆「白隠正宗」の蒸し燗〔242〜243頁〕　読売新聞オンライン「よみうりグルメ部」の「DJも日本酒造りも同じ〜酒蔵の哲学『食

に地酒あり』(下)」
◆李白の「月下独酌」〔２４５頁〕　松浦智久編訳『李白詩選』(２００1年、岩波文庫)２２２〜２２６頁
◆縄文時代に酒が造られていたとの推測〔２４７頁〕
加藤辨三郎編『日本の酒の歴史―酒造りの歩みと研究―』の「有孔鍔付土器」45頁
◆「酒の博士」住江金之の日本酒観〔２４７頁〕
住江金之『日本の酒』(１９６2年、河出書房新社)1頁
住江金之『酒の浪曼』(１９５7年、四季社)1頁
◆外国人評価員の講評〔２４８〜２４９頁〕
２０１8年と２０１9年の「東北清酒鑑評会の概況」(国税庁)
https://www.nta.go.jp/about/organization/sendai/release/h30/kampyokai/index.htm
https://www.nta.go.jp/about/organization/sendai/release/r01/kampyokai/index.htm
◆大伴旅人の「酒を讃めし歌十三首」など〔２５９〜２６０頁〕
『万葉集(1)』(２０１9年、岩波文庫)２６０〜２６３頁
◆室町時代の利き酒大会〔２６０〜２６1頁〕と「諸白酒」の誕生〔２６1頁〕
加藤辨三郎編『日本の酒の歴史―酒造りの歩みと研究―』の「御酒コンクール」１８６〜１８９頁、「元禄の諸白」２０７〜２３４頁

第八章　高く、高く

◆つげ義春が描いた福島県天栄村の湯本地区〔２６６頁〕
『無能の人・日の戯れ』(２０１2年、新潮文庫)の「無能の人　第四話　探石行」
◆「米作り名人」岡部政行が率いた天栄米栽培研究会が金賞を受賞した大会〔２６６頁〕
米・食味分析鑑定コンクール国際大会　https://www.syokumikanteisi.gr.jp/kako-kon/top.html
◆松崎祐行と矢内賢征の福島県鑑評会の知事賞受賞〔２７３、２８1頁〕
福島県酒造協同組合の鑑評会審査結果　http://sake-fukushima.jp/?page_id=84
◆ＴＯＫＩＯの城島茂、国分太一、松岡昌宏が福島県古殿町の木を伐採し、看板を作ったテレビＣＭ〔２８９頁〕
株式会社ＴＯＫＩＯの「事業記録」
https://www.tokio.inc/s/tokio/diary/detail/1047?ima=2343&cd=report

図1 清酒の課税移出（出荷）数量の推移

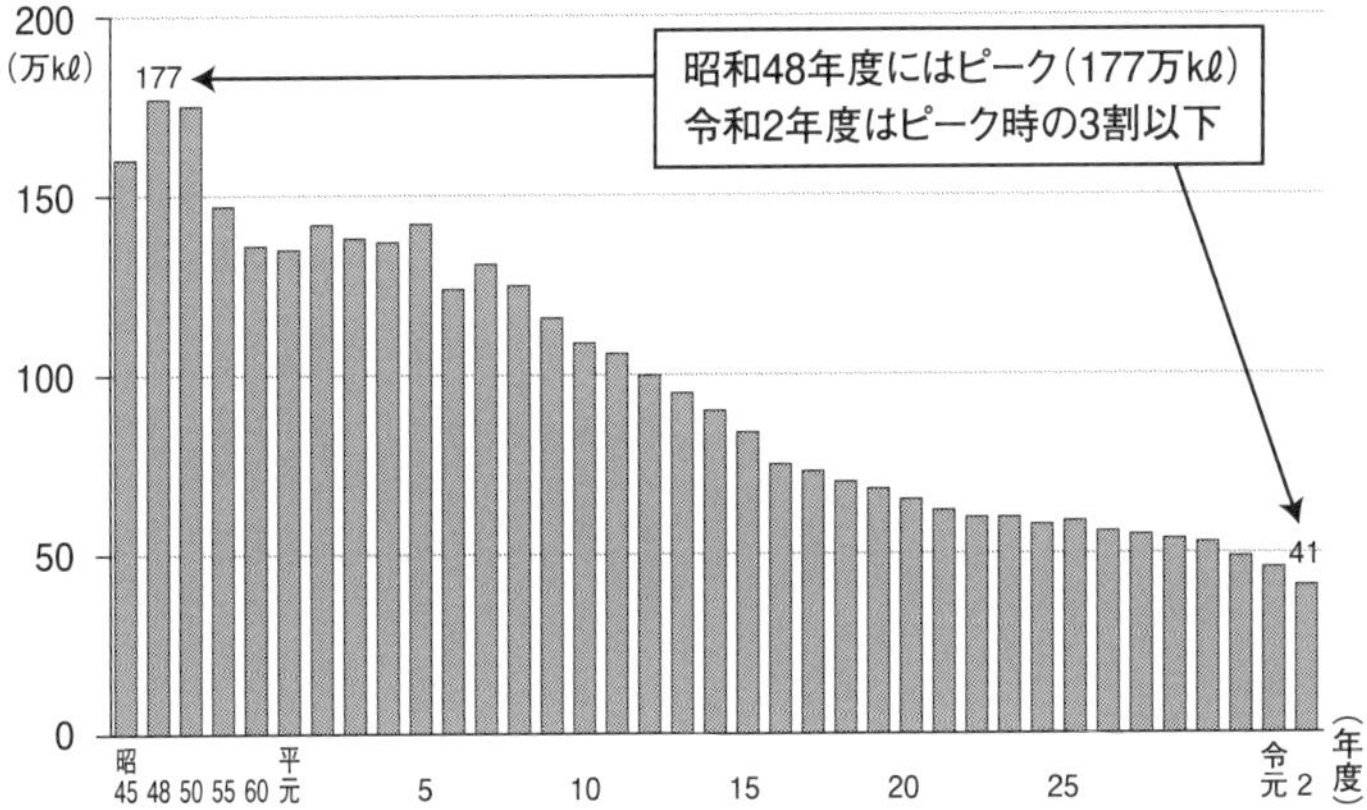

日本酒の出荷量は、昭和48年度がピークで177万kℓだったが、
令和2年度には41万kℓで、ピーク時の3割以下となっている。

資料：国税庁課税部酒税課・輸出促進室「酒のしおり」（令和4年3月）

図2 普通酒と特定名称酒の課税移出（出荷）数量の推移

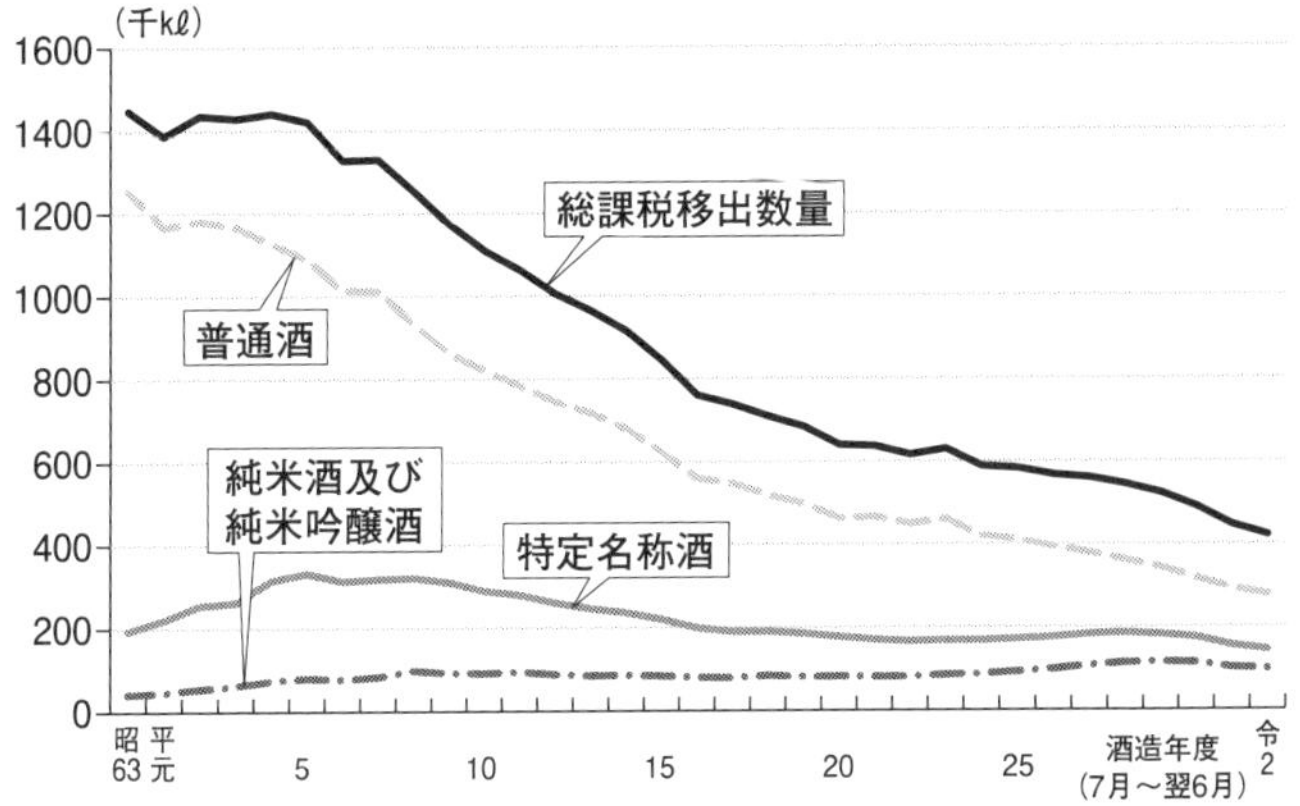

普通酒の減少傾向には歯止めがかからない。特定名称酒のうち純米酒や純米吟醸酒は増加傾向にあったものの、新型コロナウイルスの影響で飲食店が休業に追い込まれたことなどもあって伸び悩んでいる

資料：同上

図3 酒の種類ごとの販売（消費）数量の変化

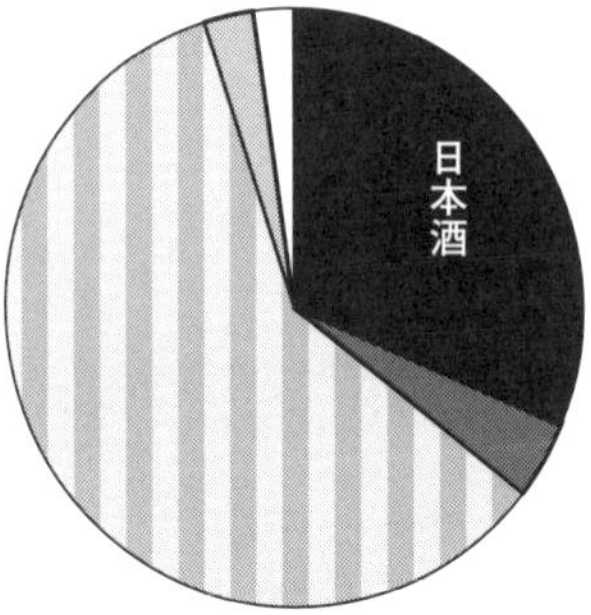

昭和45年度（単位% 以下同じ）

日本酒	**31.3**
リキュール	0.3
発泡酒	0.0
焼酎	4.1
果実酒	0.1
ビール	59.4
ウイスキー・ブランデー	2.7
その他	2.1

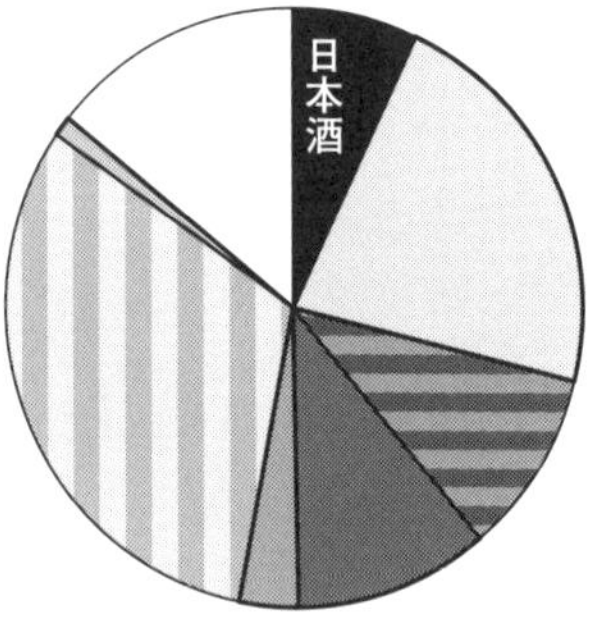

平成23年度

日本酒	**7.1**
リキュール	22.0
発泡酒	9.9
焼酎	10.8
果実酒	3.4
ビール	31.6
ウイスキー・ブランデー	1.2
その他	14.0

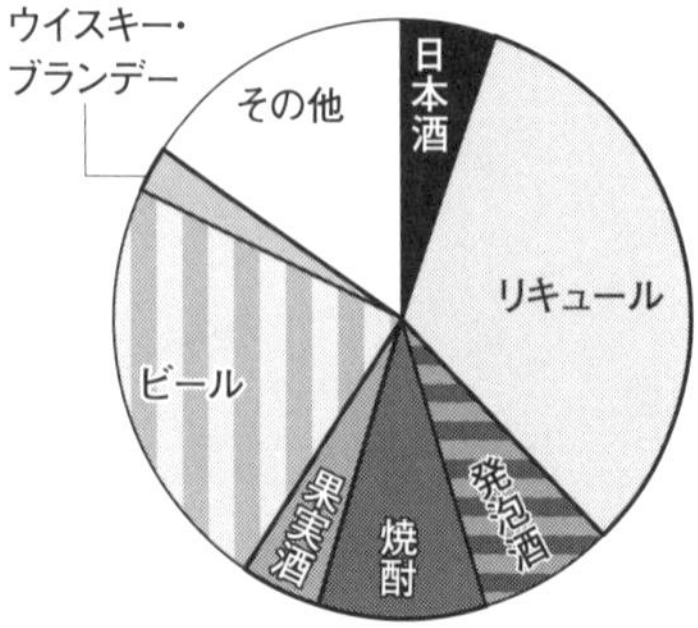

令和2年度

日本酒	**5.3**
リキュール	32.7
発泡酒	7.5
焼酎	9.3
果実酒	4.4
ビール	22.9
ウイスキー・ブランデー	2.2
その他	15.5

「その他」は、分類上の合成清酒、みりん、甘味果実酒、スピリッツ等、その他の醸造酒等をまとめた。焼酎は甲類、乙類を合わせた。

資料：国税庁課税部酒税課・輸出促進室「酒のしおり（令和4年3月）」

図4 2021年の酒類ごとの売上金額

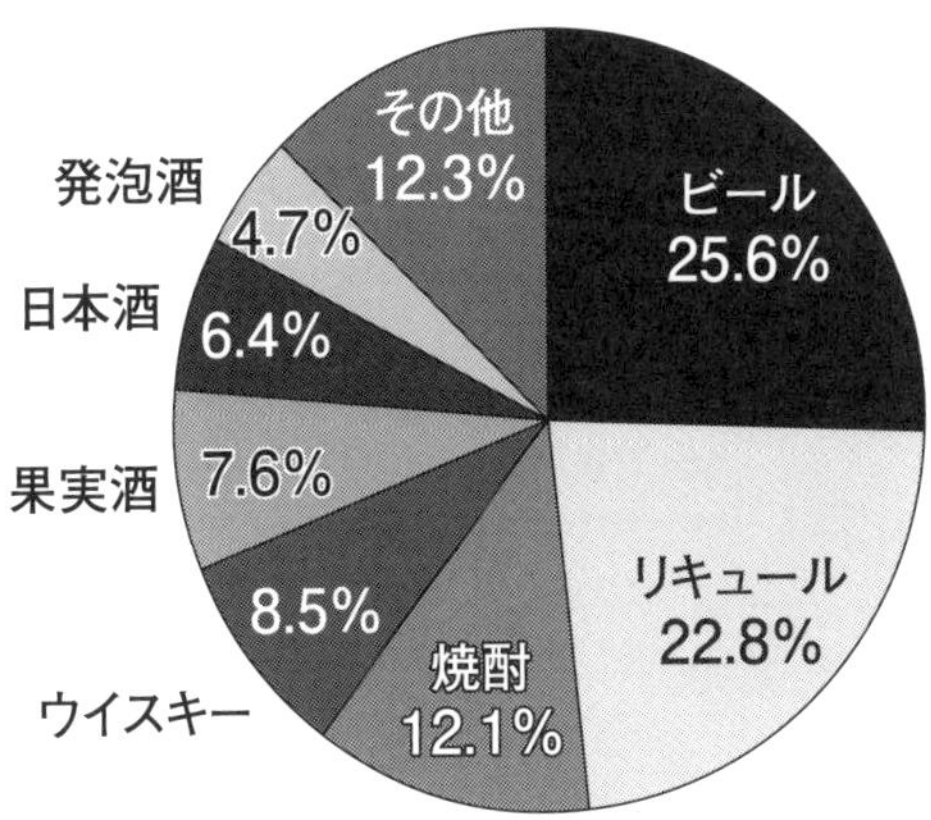

「その他」は、分類上の合成清酒、ブランデー、みりん、甘味果実酒、その他の醸造酒等、原料用アルコール・スピリッツ、粉末酒・雑酒をまとめた。焼酎は甲類、乙類を合わせた。

資料:国税庁課税部酒税課「酒類製造業及び酒類卸売業の概況(令和3年調査分)」

図5 最近の日本産酒類の輸出動向

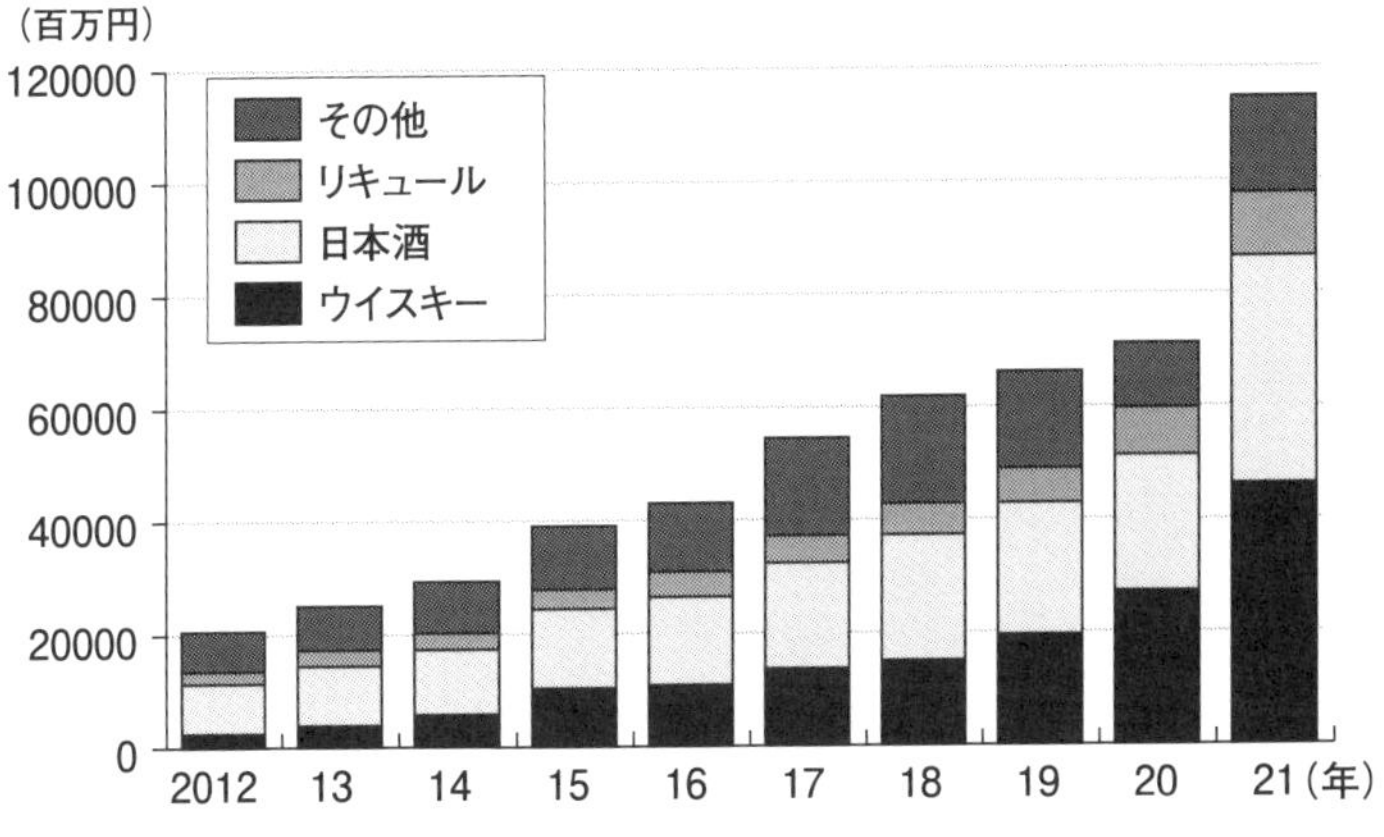

ワイン、ジン・ウォッカ、ビールなどは、「その他」にまとめた。
国際的な評価が高まり、日本産の酒類の輸出が伸びている。
2021年は、対前年比で日本酒が66.4%増、ウイスキーが70.2%増。

資料:国税庁課税部酒税課・輸出促進室「酒のしおり(令和4年3月)」

豊国酒造がある福島県古殿町（ふるどのまち）で育った「美山錦（みやまにしき）」の稲穂。秋の日差しを浴び、黄金色に輝く田んぼで刈り取りが始まった。蔵人たちの手を借り、冬には酒になる。

（写真提供:豊国酒造）

松崎酒造がある福島県天栄村のシンボルになっている羽鳥湖。四季折々に様々な彩りを見せる村には、縄文時代の集落の遺跡もあり、奈良、平安時代はこの地方の政治文化の中心地でもあった。

（撮影:有高唯之）

よきライバルであり、同志でもある松崎祐行（38）と矢内賢征（36）。「技術を磨き、支えてくれた村から自分の酒を発信したい」と松崎は言い、一方の矢内は「酒造りは人。自分自身が反映されるのが日本酒だ」と語る。古殿町で。

（撮影:松永卓也／朝日新聞出版）

写真説明

外気温が低い冬の朝。豊国酒造の蔵に蒸しあがった酒米が広げられる。粗熱（あらねつ）をとる「放冷」。機械を使わず、少量ずつ、手の感触を頼りにきめ細かに温度を均一にする。酒の種類ごとに適温は異なり、絶妙のころ合いで麹室に運ぶ。

（写真提供:豊国酒造）

蒸す前の酒米に、どれだけの水を吸わせるか。豊国酒造では、その日の天気や水温などをもとに矢内賢征が毎朝、「浸漬（しんせき）時間」をチョークで書き込む。表面を削られた米は、すぐに水を吸うため、計測器を使う。

（写真提供:豊国酒造）

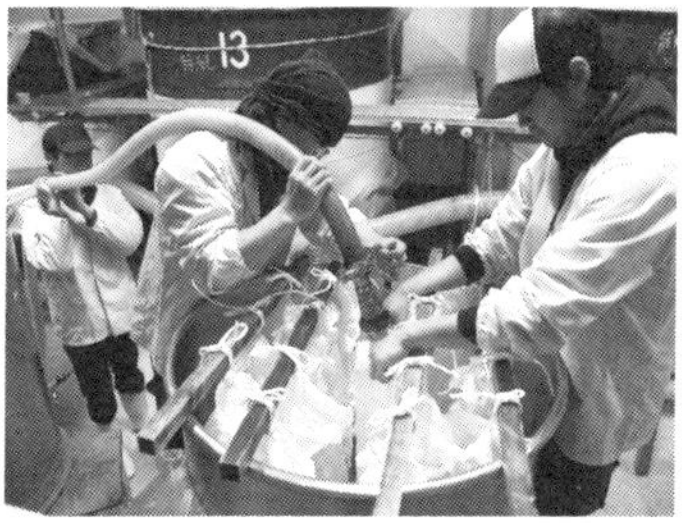

発酵を終えた「醪（もろみ）」を、松崎酒造の蔵人たちが布袋に入れる。高級酒のみの搾り方で「雫取り（しずくどり）」と呼ばれる。酒の完成は間近で、袋から滴り落ちてくる酒を瓶に詰める。余分な成分が抽出されず、繊細な味わいになる。

（撮影:有高唯之）

本書は、朝日新聞福島版に２０１５年４月から２０１７年３月まで連載された「酒よ」を大幅に加筆したものです。

なお、酒税法では、米、米麹及び水をおもな原料として発酵させて漉したものを「清酒」と定義していますが、本書では一般用語の「日本酒」に言い換えています。清酒には、海外産の米を用いたり、海外で醸造したりしたものも含まれ、国税庁は「日本酒」については「日本産の米を用い、日本国内で醸造したもののみを言う」としています。

また、「酒造年度」が和暦の表記であることに合わせ、本書では一般的な「年度」の表記も和暦にしています。

岡本進（おかもと・すすむ）

1963年、群馬県高崎市で生まれる。東京理科大学物理学科卒業。1987年、朝日新聞社入社。新潟支局（現・新潟総局）、政治部、科学医療部（現・科学みらい部）、アエラ編集部などを経て2012年から福島総局、いわき支局（福島県）、石巻支局（宮城県）で東日本大震災と東京電力福島第一原子力発電所の事故を取材し、2021年から、さいたま総局に勤務。

世界《せかい》でいちばん熱《あつ》い日本酒《にほんしゅ》

2023年2月28日　第1刷発行

著　者　岡本進

発行者　三宮博信

発行所　朝日新聞出版

〒104-8011　東京都中央区築地5-3-2

電話　03-5541-8832（編集）

03-5540-7793（販売）

印刷製本　中央精版印刷株式会社

Published in Japan by Asahi Shimbun Publications Inc.

ISBN 978-4-02-251875-0

定価はカバーに表示してあります。

落丁・乱丁の場合は弊社業務部（03-5540-7800）へご連絡ください。

送料弊社負担にてお取り替えいたします。